FISHES, CRAYFISHES, AND CRABS

FOUNDATIONS OF NATURAL HISTORY

FOUNDATIONS OF NATURAL HISTORY is a series from the Johns Hopkins University Press for the republication of classic scientific writings that are of enduring importance for the study of origins, properties, and relationships in the natural world.

PUBLISHED IN THE SERIES

Materials for the Study of Variation: Treated with Especial Regard to Discontinuity in the Origin of Species, by William Bateson, with an introduction by Peter J. Bowler and an essay by Gerry Webster

Nicholas Copernicus: On the Revolutions, translated by Edward Rosen

Nicholas Copernicus: Minor Works, translated by Edward Rosen

Problems of Relative Growth, by Julian Huxley, with an introduction by Frederick B. Churchill and an essay by Richard E. Strauss

Fishes, Crayfishes, and Crabs: Louis Renard's "Natural History of the Rarest Curiosities of the Seas of the Indies," edited by Theodore W. Pietsch

Historical Portrait of the Progress of Ichthyology, from Its Origins to Our Own Time, by Georges Cuvier, edited by Theodore W. Pietsch, translated by Abby J. Simpson

Fishes, Crayfishes, and Crabs

Louis Renard's *Natural History of the Rarest Curiosities of the Seas of the Indies*

Edited by Theodore W. Pietsch

II

FACSIMILE AND PLATES

THE JOHNS HOPKINS UNIVERSITY PRESS BALTIMORE AND LONDON

This facsimile edition has been made with the assistance of the Bayerische Staatsbibliothek of Munich.

 Published 1995
Printed in Canada on acid-free paper

04 03 02 01 00 99 98 97 96 95 5 4 3 2 1

The Johns Hopkins University Press
2715 North Charles Street
Baltimore, Maryland 21218-4319
The Johns Hopkins Press Ltd., London

ISBN 0-8018-4790-7

Library of Congress Cataloging-in-Publication Data
will be found at the end of this book.

A catalog record for this book is available from the British Library.

Contents

Notes on Plate Legends

The vernacular names given to the animals in Renard's book are drawn from several languages: Dutch, French, and Malay words are most often used, sometimes in combination; but other words are obscure, perhaps originating from local native dialects and therefore untranslatable, or so misspelled or corrupted that modern interpretation is impossible. Thus, despite a thorough search, English equivalents cannot always be given.

In addition to L. B. Holthuis, Rijksmuseum van Natuurlijke Histoire, Leiden, who provided considerable help with many of the more difficult names, an important source for this information is volume 3 of François Valentijn's *Oud en nieuw Ost-Indiën* (1726a, pt. 1, pp. 347–515), which provides Dutch translations of all the Malay (or Ambonese) names used in Valentijn's treatise on the "Uncommon Fishes of Ambon" (in many instances, he simply adopted the Malay word in his Dutch name—for example, by translating "Ikan Oema" to "Oema vis"—and, in these cases, Valentijn's Dutch terms are here simply translated into English).

My other sources for this information include the following: R. J. Wilkinson's *Malay-English Dictionary (Romanized)* (1932); John M. Echols and Hassan Shadily's *Indonesian-English Dictionary* (1980); Paraluman S. Aspillera's *Common Vocabulary for Malay-Pilipino-Bahasa Indonesia* (1964); J. S. Scott's *Introduction to the Sea Fishes of Malaya* (1959); Margaret M. Smith's *Common and Scientific Names of the Fishes of Southern Africa* (1975); John Crawfurd's *Descriptive Dictionary of the Indian Islands and Adjacent Countries* (1856); *Cassell's English-Dutch Dutch-English Dictionary*, revised by J. A. Jockin–la Bastide G. van Kooten (New York: Macmillan Publishing Company, 1978); Louis De Vries's *French-English Science Dictionary* (1940); the second edition of Henry Yule and A. C. Burnell's *Hobson-Jobson* (1968); *Larousse's French-English English-French Dictionary* (New York: Pocket Books, 1973); and *Webster's New Geographical Dictionary* (Springfield, Mass.: G. & C. Merriam, 1980).

In the legends to the figures, the letters *d*, *f*, *m*, *p*, and *s*, which, whenever possible, preface the modern or corrected orthography of the names, refer to Dutch, French, Malay, Portuguese, and Spanish, respectively.

FISHES, CRAYFISHES, AND CRABS

POISSONS
ECREVISSES ET CRABES,

DE DIVERSES COULEURS ET FIGURES EXTRAORDINAIRES,

QUE L'ON TROUVE AUTOUR DES

ISLES MOLUQUES,

ET SUR LES CÔTES DES

TERRES AUSTRALES:

Peints d'après Nature durant la Régence de Messieurs VAN OUDSHOORN, VAN HOORN, VAN RIBEEK & VAN ZWOLL, successivement Gouverneurs-Généraux des *Indes Orientales* pour la Compagnie de Hollande.

OUVRAGE, *auquel on a employé près de trente ans, & qui contient un très grand nombre de Poissons les plus beaux & les plus rares de la Mer des Indes: Divisé en deux Tomes, dont le premier a été copié sur les* Originaux *de Monsr.* BALTAZAR COYETT, *ancien Gouverneur & Directeur des Isles de la Province d'*Amboine, *& Président des Commissaires à* Batavia. *Le second Tome a été formé sur les Recueils de Monsr.* ADRIEN VANDER STELL, *Gouverneur Régent de la dite Province d'*Amboine, *avec une courte Description de chaque Poisson.*

Le tout muni de *Certificats* & *Attestations* authentiques.

Donné au Public par Mr. LOUIS RENARD, Agent de S. M. Brit. à *Amsterdam*, & augmenté d'une Préface par Mr. ARNOUT VOSMAER.

A AMSTERDAM,

Chez REINIER & JOSUÉ OTTENS, MDCCLIV.

PREFACE.

VOici enfin un Ouvrage, attendu depuis longtems, & qui peut-être n'auroit pas encore vu le jour, sans le zèle qui m'anime pour l'avancement de l'Histoire naturelle.

Mr. RENARD, qui en est l'Auteur, vint à mourir, lorsqu'il étoit sur le point de le publier: les circonstances qui accompagnent ordinairement la mort d'un Auteur, mettent souvent obstacle à l'exécution d'un dessein qui demande autant de peine & de dépense que celui-ci: c'est là la raison qui en a fait retarder jusqu'à présent la publication; & peut-être aurions-nous été privés encore plus longtems du jour qu'il répand sur une partie très-intéressante de l'Histoire naturelle, s'il étoit tombé entre les mains de gens peu au fait de ce qu'il représente. L'ignorance fortifie l'incrédulité à laquelle on est naturellement porté à la vuë d'Animaux aussi extraordinaires & aussi rares que ceux dont il s'agit dans ce livre; & l'on n'aime pas à publier ce qu'on est tenté de regarder comme des productions de l'imagination.

Mr. F. *Valentyn*, qui a été Pasteur des Eglises d'Amboine, Banda & d'autres Iles où l'on trouve les Poissons, & les Animaux crustacées, décrits dans cet Ouvrage, est le prémier qui ait fait connoitre tout ce qu'il y a d'admirable tant dans leur figure que dans leurs éclatantes couleurs. Avant lui les Auteurs anciens & modernes n'en avoient donné que de legers indices; les relations même qu'il en publia, dans le 3e Volume de sa Description de L'Inde ancienne & moderne, furent rejettées comme incroyables, malgré le credit que devoit lui procurer le caractère dont il étoit revêtu. Cependant on ne tarda pas à revenir de la prévention où l'on étoit: des gens très-dignes de foi confirmèrent ce qu'il avoit dit, & l'on en trouva plusieurs preuves dans ces Cabinets où ceux qui s'appliquent à l'Histoire naturelle se plaisent à rassembler, souvent à grands fraix, des monumens de la sagesse du Créateur, qui brille avec tant d'éclat dans les diverses productions de la Nature. Ces Collections, si propres à réjouïr la vuë, & à nous exciter en même tems à de nouvelles recherches, offrent plusieurs de ces Poissons, de manière qu'il ne reste plus aucun doute sur leur figure & sur quelques-unes de leurs propriétés: mais on ne les y voit point ornés de ces couleurs vi-

vives & éclatantes, qui les embelliſſent durant leur vie, & les doutes qu'on a eu ſur cet article, ne ſont pas encore tout-à-fait diſſipés.

Il n'eſt pas néceſſaire d'être fort verſé dans cette ſorte d'étude, pour être convaincu que la Nature, toute liberale qu'elle eſt à répandre ſes dons, paroit encore plus ſoigneuſe de les reprendre, lorſqu'elle a ſatisfait à ſon but. Ainſi les Poiſſons, comme la plupart des autres Animaux, perdent toute la beauté de leur coloris en perdant la vie. L'Art, à ce qu'on prétend, a trouvé en France * un moyen d'obvier à cet inconvénient; mais le ſécret dans lequel on le garde, nous prive de l'utilité que nous en pourrions retirer; les Poiſſons qui forment nos Collections, ne conſervent guères qu'une couleur obſcure & deſagréable; triſte débris de leur éclat précedent. Quel moyen nous reſte-t-il donc pour nous former de juſtes idées ſur cette partie très-étenduë du regne animal? C'eſt de conſulter des Planches enluminées qui repréſentent les Poiſſons avec leurs couleurs naturelles, exprimées avec toute la fidélité poſſible. Les Figures que cet Ouvrage nous offre ſont précíſément telles.

La prémière fois qu'il me tomba entre les mains, je fus moins frappé de la beauté des deſſeins, dont quelques-uns m'étoient déjà connus, pour les avoir vus chez d'autres due ceux qui en poſsèdent les originaux, que de la variété des repréſentations & des deſcriptions. Les Couleurs, & quelques autres circonſtances, de quelques-uns de ces Poiſſons, qui s'accordoient avec les relations que je me ſouvenois d'en avoir luës, n'eurent à combattre chez moi qu'un foible reſte d'incrédulité, qui ne m'avoit cependant pas empéché de me former les idées les plus avantageuſes de la beauté de ces Animaux. Depuis longtems j'avois médité ſur le ſyſtème du grand Leibnitz, & je m'étois appliqué à examiner la liaiſon qu'il y a entre les différentes eſpèces d'Animaux: par là je m'étois convaincu non ſeulement qu'il étoit poſſible qu'il y eût des Poiſſons enrichis de ſi belles couleurs, mais qu'il étoit même néceſſaire que cela fût ainſi pour répondre à cette conformité, qui ſuivant moi doit ſe trouver entre les Animaux qui habitent dans les eaux, & ceux qui volent dans les airs ou marchent ſur la terre. L'Ouvrage dont nous parlons confirme cette idée. Les merveilles qu'il nous préſente, nous ſont voir que l'Auteur de la Nature a non ſeulement accordé à quelques-uns des Animaux aquatiques, des ailes & des piés, par leſquels leur eſpèce ſemble ſe rapprocher de celle des autres Animaux, mais ces beautés du coloris même, que nous voyons aux Oiſeaux & qui excitent notre admiration & notre étonnement. Pour ne rien négliger de ce qui pouvoit me conduire en ceci à la découverte de la vérité, je comparai pluſieurs des Poiſſons repréſentés dans cet Ouvrage, avec la deſcription que *Valentyn* nous a laiſſée de leurs couleurs; je dis la deſcription, parce que cet Auteur a bien donné les Figures de preſque toutes ces eſpèces de Poiſſons, mais ſans qu'elles ſoient colorées. Bientôt j'apperçus une grande différence entre les couleurs de ces Poiſſons telles qu'on les voit ici, & celles que *Valentyn* leur attribuë: je ne pouvois cependant pas douter qu'il ne fût queſtion des mêmes eſpèces, la conformité de figure ne me laiſſoit là deſſus aucun ſcrupule; cette découverte m'embaraſſa: comment décider quel de ces deux Auteurs étoit le plus véridique? Mais un nouvel examen réſolut ma difficulté. En confrontant de nouveau ces deux Ouvrages enſemble, je m'apperçus que dans l'un & dans l'autre ſe trouvoient pluſieurs ſortes différentes, ſur leſquelles mes deux Auteurs ne différoient que par rapport à la couleur: je vis enſuite par les deſcriptions, que les Animaux y ſont quelquefois mâles & quelquefois femelles, & que cela étoit ſou-

* Mr. *Guyot*, Apothicaire & Chymiſte de Mr. *Pajot* Comte d'Onſembray, poſſède ce ſécret, à ce que nous apprend un extrait, tiré du Mercure de France du mois de 7bre 1749. Par ſon moyen on le dit en état de conſerver non ſeulement toutes les Plantes, mais auſſi toutes ſortes de Poiſſons & d'autres Animaux, avec leurs couleurs naturelles.

ſouvent la ſeule cauſe pourquoi mes deux Auteurs n'étoient pas d'accord: enfin je trouvai que chaque genre comprend ſeul en ſoi pluſieurs eſpèces qui ne diffèrent que par le coloris. Je me rappellai en même tems d'avoir vu vivants, huit ou neuf de ces Poiſſons dorés qui viennent du Japon, & qui commencent à devenir aſſez communs: la figure de tous étoit la même; mais il y avoit beaucoup de variété dans leur coloris: les uns étoient d'un rouge couleur de ſang, d'autres d'un rouge orangé; il y en avoit de blancs avec des tâches brunes, d'autres étoient tâchetés de rouge, quelques-uns d'orangé, &c.

Quelque tems après le hazard me fit tomber entre les mains un Recueil de la même eſpèce que celui-ci, mais qui étoit venu des Indes trente ans plutôt: comparant enſemble ces deux exemplaires, il ne me reſta aucun doute ſur la figure ſingulière & ſur l'admirable beauté des Poiſſons repréſentés dans cet Ouvrage; & je n'héſitai plus à prononcer, que la différence qui ſe trouvoit entre les deſcriptions de M[rs.] *Valentyn* & *Renard*, venoit uniquement de ce que les deſſinateurs qu'ils avoient employés, avoient deſſiné indifféremment les Individus qui s'étoient offerts à eux, ſans faire attention à la diverſité des ſexes, ou des genres.

Voilà ce qu'il importoit de ſavoir touchant cet Ouvrage, & la beauté des Poiſſons qu'il nous offre: quant à la figure extérieure de ces derniers, elle eſt ſuffiſamment confirmée par les exemples que ma Collection & celle de pluſieurs autres en fourniſſent. La peine & les ſoins que Mr. *Renard* a pris pour nous donner des deſcriptions fidèles, & le certificat qu'il a trouvé à propos de placer à la tête de ſon Ouvrage, ne laiſſent plus aucun doute, même par rapport à ces eſpèces qui par leur figure extraordinaire demanderoient à être autoriſées par des nouvelles recherches; ce que différens Auteurs, tant anciens que modernes, tels que *Geſner*, *Aldrovande*, *Rondelet*, *Jonſton*, *Willugby*, *Artedi*, & bien d'autres, ont dit ſur les Poiſſons, ſe trouve éclairci & confirmé par ce que l'on trouvera ici.

Il eſt fâcheux qu'un défaut de connoiſſances oſtéologiques par rapport à ces Poiſſons, nous faſſe manquer dans cet Ouvrage-ci, le ſyſtème des genres qu'Artedi nous a donné. Mais à tout prendre il vaut mieux que nous ayons quelque choſe à déſirer à cet égard, qu'à celui des couleurs. Les objets qui ſe trouvent dans les Cabinets des Curieux, peuvent remédier au prémier de ces deux inconvéniens, puiſqu'on peut y voir la ſtructure de ces Animaux quant à leurs oſſelets; mais il n'en eſt pas de même des couleurs, qui ne ſont pas conſtantes & qui ſe perdent.

Je ne rapporterai pas les différentes raiſons qui m'engagent à donner la préférence aux figures qui ſont dans cet Ouvrage, par deſſus celles de *Valentyn*. Tous ceux qui ſe donneront la peine de les chercher, avec quelque connoiſſance de ce dont il s'agit, les trouveront aiſément; & d'ailleurs dans des Ouvrages de cette nature, il faut un peu pardonner aux Auteurs. Je le repète, on n'a qu'à jetter les yeux ſur les Collections, déjà aſſez nombreuſes, qu'on a faites de ces Poiſſons, pour ſe convaincre que leur figure eſt bien exprimée dans ce Livre; & leur brillant coloris, qui efface la plupart des autres couleurs, quelque belles qu'elles ſoient, n'aura plus rien d'incroyable pour ceux qui auront vu ces Poiſſons argentés & dorés, dont j'ai déjà parlé, & que j'ai dit être aſſez communs.

La Sirène, dont la figure qu'on en donne ici, de même que bien d'autres, ne diffère point de celle qu'on trouve dans *Valentyn*: ce qui n'eſt pas étonnant, puiſque celui-ci avouë qu'il a fait copier le deſſein qu'en avoit Mr. *Renard*; la Sirène, dis-je, mérite bien qu'on y faſſe plus attention qu'on ne fait ordinairement. Son exiſtence eſt ici affirmée très-poſitivement; & les objections par leſquelles on cherche à la détruire, me paroiſſent bien foibles. Juſques à préſent, dit-on, on n'a jamais vu dans aucun Cabinet

binet de curiosités naturelles, un Monstre de cette espèce; mais ne peut-on pas dire que si ce Monstre, s'il faut lui donner ce nom, quoique je n'en voie pas la raison, est réellement tel qu'on le représente & qu'on le décrit ordinairement, & que si sa figure approche si près de celle de l'homme, il pourroit bien lui ressembler encore par une sorte d'instinct, de génie ou de raison, comme on voudra l'appeller; ce qui le mettroit en état d'éviter avec plus d'habileté que les autres Animaux, les piéges où ceux-ci se laissent prendre; & peut-être aussi cela seroit la cause pour laquelle il se montre si rarement. D'ailleurs ne pourroit-il pas être que son corps, de même que celui de l'homme, fût plus sujet à la corruption que celui des autres Poissons, & que la difficulté qu'il y auroit à l'en garantir, fût la raison pourquoi il ne paroit dans aucune Collection? Cette conjecture semble être confirmée par les squelettes de Sirènes, dont *Vossius*, *Junius*, & d'autres parlent.

L'on n'a pas cru que la mort de Mr. *Renard* donnat le droit de supprimer sa Dédicace & sa Déclaration, qui se trouvent à la tête de cet Ouvrage. Il suffit de remarquer que cet accident est cause que les Exemplaires ne sont pas signés de son nom, comme il avoit promis de le faire.

Je crois que voilà tout ce qu'il importoit de savoir sur cet intéressant Ouvrage. Après avoir ainsi satisfait à la demande de ceux qui le publient, il ne me reste qu'à souhaiter que les Lecteurs frappés de la beauté des objets qu'ils y verront décrits, passent de la considération des créatures au profond respect que mérite le Créateur suprême.

AVERTISSEMENT DE L'EDITEUR.

JE crois contribuer à éclaircir l'Histoire Naturelle, en procurant l'Edition de cet Ouvrage extraordinaire, qui a demandé de grandes dépenses & de très-grands soins. Il est divisé en deux Tomes. Le premier m'a été communiqué par Messieurs SCOTT, dont le nom est aussi respectable par l'ancienneté de leur Noblesse, que par le rang qu'ils tiennent depuis long-tems entre les principaux Magistrats d'*Amsterdam*. Monsieur BALTAZAR COYETT, aujourd'hui ancien Gouverneur & Directeur d'*Amboine* & de *Banda*, & Président des Commissaires à *Batavia*, est le premier à qui on doit cette belle Découverte. Il encouragea la Pêche de ces Poissons, pendant le tems de son Gouvernement; & après en avoir fait peindre environ deux-cens, qui avoient été portez en vie dans sa Maison, tant par les Indiens d'*Amboine* & des Isles voisines, que par les Hollandois qui y sont établis, il en forma deux Recueils, dont Monsieur son Fils aporta les Originaux à Monsieur SCOTT l'aîné, qui étoit alors Premier Avocat, ou Premier Ministre de la Compagnie Générale des Indes Orientales à *Amsterdam*. Je les ai fait exactement copier. Le second Tome, moins correct, à la vérité, pour l'exactitude des Desseins, mais très-curieux par les Nouveautez dont il est rempli & par les Remarques qui sont à côté de chaque Poisson, a été formé sur des Recueils que Monsieur VANDER STELL, présentement Gouverneur des *Moluques*, a fait faire de ces sortes de Poissons par un Peintre nommé *Samuel Fallours*, qui me les a aportez des *Indes*, & dont j'en ai choisi environ 250., les plus differents que j'ai pû trouver de l'Exemplaire de Monsieur COYETT, comme ayant été pêchez & peints après que ses Recueils étoient achevez. Au reste pour prévenir l'incrédulité de certaines personnes, j'ai cru à propos de joindre ici les Pieces suivantes, dont les Originaux sont entre mes mains, & que j'ai traduit du Hollandois.

TEMOIGNAGES ET CERTIFICATS.

LETTRE de Monsieur COYETT le Fils à l'Agent RENARD, au sujet du premier Tome de cet Ouvrage.

MONSIEUR,

PUis que Vous souhaitez savoir de moi-même la veritable Histoire des deux Recueils de Poissons des Isles *Moluques* que vous avez reçus de Monsieur SCOTT; je puis vous assurer en honneur qu'ils ont été dessinez & enluminez aussi aprochant du Vif, que l'art du Peintre & la force des couleurs ont pu le permettre: car il est impossible au Pinceau d'atteindre le brillant & l'admirable varieté du coloris que ces Poissons ont étant en vie.

Mon Pere y a fait travailler dans sa Maison (pendant quatorze années consécutives qu'il a été Gouverneur de la Province d'*Amboine* & de *Banda*) à mesure qu'on lui en aportoit quelques-uns qui meritoient sa curiosité. Il n'a eu d'abord d'autre intention que celle d'un Amateur pour sa propre satisfaction: mais lors que je vins des Indes ici il y a environ dix ans, j'aportai avec moi ces deux Recueils, & j'en fis present à Monsr. SCOTT de la part de mon Pere. Ce sont les mêmes que vous m'avez montrez & sur lesquels vous avez fait graver & enluminer les Planches de vôtre Premier Tome. Je declare que je les ai trouvé si bien & si exactement executées qu'elles peuvent passer pour les Originaux, &c. Je suis, &c.

A AMSTERDAM le 17. Octobre 1718. FREDERIC JULIUS COYETT.

DECLARATION sur le second Tome.

LE Sousfigné, ci-devant Peintre pour la Compagnie des *Indes Orientales* de Hollande à *Amboine*, habitant présentement à *Amsterdam*, déclare que les Poissons contenus dans ce Recueil, ont été par moi dessinez & peints (en douze années de tems) d'après nature, le plus fidellement qu'il m'a été possible; ne croyant pas que l'Art des Hommes puisse exprimer la beauté des couleurs de ces Poissons, quand on les prend en vie dans la bonne saison, ou qu'on les voit nager dans l'eau claire. Laquelle Déclaration je fais ici de bonne foi, en toute vérité; certifiant que l'Edition que Mr. Renard en a fait graver & enluminer, est parfaitement conforme aux Originaux: En témoignage de quoi j'ai signé à *Amsterdam* le 30. Septembre 1718.

SAMUEL FALLOURS.

LETTRE du Peintre *Samuel Fallours* à Mr. *François Valentyn*, Pasteur de l'Eglise Hollandoise à *Dort*.

A AMSTERDAM le 25. Août 1715.

MONSIEUR,

APrès bien des peines & des sollicitations, j'ai enfin obtenu un Apointement des Seigneurs Directeurs de la Compagnie, pour la restitution des Livres & Desseins qui se trouvent arrêtez dans mon Coffre; mais lesdits Seigneurs ont gardé mes Plans de la Côte d'*Amboine*, &c.

Ils ne peuvent croire, Monsieur, que les Poissons de mes Recueils, auxquels vous m'avez souvent vû travailler, soient véritablement de nature, figures & bigarrures, tels que je les ai peints dans mes susdits Livres; & comme il m'est important que la vérité soit connuë à ces Seigneurs qui me la demandent, je m'en suis raporté à vous, *mon vénérable Pasteur*, qui m'avez souvent donné & envoyé plusieurs de ces Poissons en vie, lors-que vous faisiez les visites de nos Eglises des *Isles Moluques*, & qui en avez mangé de quantité d'especes de ceux que j'ai dessinez & enluminez.

Je vous suplie donc, Monsieur, de vouloir écrire ce que vous en savez à Mr. *Renard*, Agent de S. M. le Roi de la Grande-Bretagne à *Amsterdam*: Vous obligerez infiniment celui qui est avec respect, &c.

SAMUEL FALLOURS.

(P. S.)

JE vous prie très-humblement, *Monsieur*, de me faire l'honneur de m'écrire ce qui est de la vérité de ces Poissons: Je vous serai très-redevable de vôtre civilité, & très-affectioné à vous servir en toutes occasions. RENARD.

RÉPONSE

A DORT le 28. Août 1715.

MONSIEUR,

JE puis vous assurer en toute vérité, que dans la Province d'*Amboine* & Isles adjacentes, il se trouve quantité de Poissons de si belles & diverses couleurs, qu'on en demeure frappé d'étonnement: Desquels Poissons je sai que *Samuel Fallours* en a dessiné & peint un grand nombre d'après nature. Je pense, Monsieur, que ceci suffira à vôtre demande, & je suis avec beaucoup de respect, &c.

FRANÇOIS VALENTYN.

EXTRAIT d'une Lettre de l'Agent *Renard* à Mr. *François Valentyn*, Ministre du St. Evangile à *Dort*.

D'Amsterdam le 27. Decembre 1716.

Monsieur,

Sa Majesté le Czar de Moscovie m'ayant fait l'honneur de venir avant-hier dans la Maison où je demeure, j'en ai pris occasion de montrer à ce Prince l'Ouvrage des Poissons des *Isles Moluques* du Sr. *Fallours*; dans lequel se trouve entr'autres Desseins, le Tableau ci-inclus d'un *Monstre* semblable à une *Sirene*, que ce Peintre dit avoir eu 4. jours en vie à *Amboine*, de la maniere qu'il vous plaira voir dans l'Ecrit de sa main qui accompagne cette Peinture; & comme il croit que Mr. *Vander Stell*, présentement Gouverneur d'*Amboine*, pourroit vous l'avoir envoyé; j'ai remarqué que S. M. Czarienne seroit bien aise d'éclaircir ce fait, sur lequel je vous prie de m'honorer d'un mot de réponse. Je suis, &c.

RÉPONSE.

A Dort le 18. Decembre 1716.

Monsieur,

Ce n'est pas chose impossible que depuis mon départ des Indes, *Fallours* ait pû voir à *Amboine* le Monstre dont vous m'avez bien voulu communiquer le Tableau que je vous renvoye ci-joint *; mais jusqu'à présent, je n'en ai pas vû l'Original ni n'en ai pas ouï parler. Si je l'avois, j'irois l'offrir de bon cœur à Sa Majesté Czarienne, dont l'application à rechercher les belles choses, mérite les loüanges de tout l'Univers. Mais pour vous prouver, Monsieur, qu'il y a des Monstres comme cette Sirene dans la Nature, je vous dirai que je sçais très-bien qu'en l'An 1652. ou 1653., un Lieutenant au service de la Compagnie a vû, (dans le Golphe près du Village nommé *Hennetelo*, voisin de l'Isle de *Ceram* & de celle de *Boero*, dans le Département d'*Amboine*) deux Monstres de cette espece, nageant à côté l'un de l'autre, ce qui fait présumer que c'étoient mâle & femelle: lesquels deux Monstres furent revûs 6. semaines après au même lieu, par plus de 50. personnes. La couleur de ces Monstres étoit d'un gris verdâtre, ayant toute la figure Humaine depuis la tête jusqu'à la ceinture, avec des bras & des mains; mais leur corps finissoit en pointe: L'un étoit plus grand que l'autre, & leurs cheveux étoient assez longs. J'ajoûterai qu'à mon retour des Indes, où j'ai résidé 30. années, j'ai vû le premier Mai 1714., à la hauteur de 12. degrez 18. minutes de Latitude Méridionale, par un tems très-serain & calme, à la distance de 3. ou 4. longueurs de Navire de nôtre bord, un Monstre qui vraisemblablement étoit une espèce d'Homme Marin, de couleur gris de Mer: Il étoit fort élevé hors de l'eau, & paroissoit avoir une espèce de bonnet de Pêcheur comme de la Mousse sur la tête. Tout nôtre Equipage le vit aussi; mais quoi-qu'il eut le dos tourné, ce Monstre s'aperçut que nous l'aprochions de trop près, & il se plongea subitement dans la Mer, d'où on ne le revit plus. Je suis, &c.

F. Valentyn.

* *Voyez ce Tableau à la fin de ce Recueil.*

LETTRE de Mr. *Parent*, Pasteur de l'Eglise d'*Amsterdam*, écrite & exhibée par devant le Notaire *Jacob Lansman*.

Monsieur,

J'Ai vû avec autant de plaisir que de surprise, les Epreuves enluminées des belles Planches que vous avez fait graver, représentant les Poissons des *Moluques* que le Sr. *Samuel Fallours*, lequel j'ai bien connu à *Amboine*, a peints dans leurs couleurs naturelles J'avouë, Monsieur, que j'ai été frappé d'étonnement à la vûë de cet Ouvrage, dont les Estampes sont très-conformes aux Poissons que j'avois vûs en vie, & de la plus grande partie desquels j'avois mangé avec plaisir pendant 13. années de ma Résidence à *Amboine*, d'où je suis revenu avec la Flote de 1716.

Je m'étonne infiniment que cet homme, qui de mon tems étoit Consolateur des Malades à *Amboine*, ait pû réüssir à dépeindre ces sortes de Poissons avec leurs couleurs vives & naturelles, si bien & si exactement, qu'il me paroissoit encore de voir lesdits Poissons en vie, quand je les ai vûs peints dans vôtre Livre.

Touchant la demande que vous m'avez faite, Monsieur, si j'aurois vû une Sirene dans ce Païs-là; j'y réponds, qu'en allant faire la visite de nos Eglises des Isles *Moluques*, (ce qui doit se faire tous les ans deux fois par les Pasteurs qui entendent les Langues du Païs,) & navigant dans un *Orambay*, ou espèce de Galère, pour aller du Village de *Holilieuw* à celui de *Karieuw*, distant de deux lieuës de Mer l'un de l'autre, il arriva pendant que je sommeillois, que les Negres ou Rameurs jettèrent un grand cri d'étonnement; sur lequel m'étant levé, & leur demandant ce que c'étoit, ils répondirent tous, d'une commune voix, que c'étoit un Monstre comme une Sirene qu'ils avoient vûë fort clairement & distinctement ayant le visage aprochant de celui d'un Homme, & les cheveux longs comme ceux d'une Femme derriere le dos; mais qui, épouvantée par leurs cris, s'étoit replongée dans la Mer, dont je ne pûs voir que l'émotion des vagues, que cette Sirene avoit agitées en se replongeant. Je suis, &c.

A Amsterdam le 15. Juillet 1717.

Parent.

EXTRAIT de quelques Auteurs.

Daviti, Gentilhomme de la Chambre du Roi de France, dans sa *Geographie*, qui est reconnuë pour la meilleure qui ait été publiée jusqu'à présent, à la Description de l'Amerique, pages 125. & 126. de l'Edition de *Paris*, folio, 6. vol. chez *Bilaine*, parle des Poissons de Mer & de Riviere du Brezil, parmi lesquels il nomme l'*Oury Jouve*, qui est tout jaune: l'*Acatajou*, qui a la tête verte, le dos jaune & le ventre blanc: le *Pourake*, plus gros que la cuisse, long de 4. piez, bigarré de rouge, de bleu, de vert & de blanc.

L'*Yaconda*, dit-il, est long de 3. piez, tout rayé de jaune, de rouge & de blanc: L'*Acara* est rayé de rouge sur la tête, en forme de fleurs de Lis: Le *Mendouvel* est rougeâtre: Le *Payrain* est jaune & rouge: L'*Opean* a la peau toute rayée de rouge: Le *Jejou* a la tête bleuë, la queuë rouge, & des rayes de jaune & de rouge par tout: Le *Pyrapinim* est tout blanc, excepté la tête qui est bigarrée, & la queuë rouge.

Mr. de Rochefort, dans son *Histoire Naturelle des Isles Antilles*, imprimée à *Rotterdam* in 4°. & à *Lion* in 12°., page 375., parle de Poissons qui ont l'écaille verte comme la plume d'un Perroquet: L'*Eguille*, dit-il, page 379., a la peau du dos rayée de lignes de bleu & de vert, & celle de dessous du ventre est d'un blanc mêlé de rouge: Page 380., il déclare qu'il se pêche dans les Rivieres des Poissons de Roche, qui sont rouges & de diverses autres couleurs: Enfin, pages 404. & suivantes, il fait la Description d'un très-grand Poisson, qui avoit une longue corne au devant de la tête, & qui étoit d'une beauté & diversité de couleurs, aussi extraordinaire qu'aucun de ceux qui sont ici dépeints.

A l'égard des *Crabes* & *Ecrevisses*, il en décrit, pages 512, 513. & 514., plusieurs qui suivant les diverses Isles & les differens Territoires où elles se nourrissent, sont peintes, dit-il, de tant de couleurs, toutes si belles & si vives, qu'il n'y a rien de plus divertissant: Les unes ont tout le corps de couleur violette, panachée de blanc; les autres sont d'un beau jaune, chamaré de plusieurs lignes grisâtres & pourprines.

Le Pere du Tertre, plus recent & plus exact Auteur encore, dans son *Histoire des Antilles*, imprimée à *Paris* en 3. vol. in 4°., au Traité quatriéme du Tome II., confirme non-seulement ce que Mr. *Rochefort* & autres Auteurs ont écrit des Poissons, Crabes & Ecrevisses de couleurs differentes, mais il y ajoûte encore quantité d'exemples & de figures de Poissons qu'il a vûs vivans, plus beaux & plus extraordinaires encore que ceux des Citations précedentes, particulierement les Poissons *Perroquets*, & les Poissons des *Roches*, qu'il dépeint avec des couleurs d'une beauté incroyable: Surquoi l'on peut consulter le Livre même.

Le Capitaine *Dampier*, le Pere *Feuillée*, Mr. *Frezier*, & beaucoup d'autres bons Auteurs, confirment cela aussi par quantité d'exemples, dont le détail seroit trop long à raporter.

DECLARATION

SUR CET

OUVRAGE.

COmme c'eſt ici un des plus precieux Morceaux dont l'Hiſtoire Naturelle ait été enrichie depuis la naiſſance des Lettres, j'ai pris un ſoin très-ſcrupuleux d'aller à la ſource, & de produire la preuve des faits que j'expoſe dans cet Ouvrage.

Je déclare donc que tout le contenu du premier Tome, conſiſtant en 42. Planches & 218. Numeros, eſt copié dans l'exacte verité ſur les Originaux que Mr. BALTHASAR COYETT, actuellement Préſident des Commiſſaires pour l'adminiſtration de la Juſtice générale des Indes à Batavia, a fait peindre lorſqu'il étoit Gouverneur des Moluques; & que la Déclaration de Mr. ſon Fils, que j'ai miſe au commencement de l'Ouvrage, à la feuille qui a pour titre AVERTISSEMENT DE L'EDITEUR, eſt très-exactement vraie dans tout ſon expoſé. J'oſe en garentir la verité aux yeux de cette grande Ville & de cette République entiere: où Mrs. Coyett Pere & Fils ſont connus pour gens d'honneur & de dignité, & où un nombre conſiderable de perſonnes encore vivantes, revenuës des Indes, & qui en reviennent tous les ans, ſont temoins que rien n'a été flaté dans ſon Recueil.

Quant au ſecond Tome conſiſtant en 57. Planches & 241. Numeros, j'ai produit auſſi à la ſuite de la Déclaration de Mr. Coyett, les Atteſtations de verité qui y ont du raport: Cependant comme il ne me convient point de laiſſer aucun ſcrupule au Public ſur la bonne foi qu'un Editeur doit toûjours conſerver en publiant des Ouvrages de l'importance de celui-ci, j'avouë que le Peintre avoit groſſi & differentié à l'excès diverſes Copies qu'il a repandu des Recueils ſur leſquels j'ai formé ce ſecond Tome, & que j'ai eu une peine infinie à ſeparer dans ſon Ouvrage, ce qu'il y avoit de vrai, reconnu pour tel dans les Atteſtations, d'avec ce qui s'y trouvoit d'exageré. Je crains même que le Monſtre repreſenté particulierement ſous le nom de Sirenne à la fin du ſecond Tome, Planche LVII. N°. 240. n'ait beſoin d'être rectifié.

Pour

DECLARATION SUR CET OUVRAGE.

Pour m'en éclaircir, j'en ai envoyé des Copies à Batavia & à Amboine afin de l'y faire verifier : & s'il arrive qu'il y faille changer quelque chose, je m'oblige d'en rendre compte au Public. Au reste, je ne reconnoît d'autres Exemplaires pour authentiques, que ceux qui sont signez de mon nom.

Fait à Amsterdam, le

AU SERENISSIME
ET
TRES-PUISSANT PRINCE
GEORGE,
ROI DE LA GRANDE-BRETAGNE,
DE FRANCE, ET D'IRLANDE;
DUC DE BRONSWICK-LUNEBOURG,
ELECTEUR DU S^T. EMPIRE, &c.

SIRE,

L'honneur que j'ai eu de présenter à VÔTRE MAJESTÉ en Original les Dessins des Poissons rares dont ce Livre

*

con-

contient le recueil, m'engage indiſpenſablement à la ſupplier de me permettre de le publier ſous la protection de Son Nom Auguſte. VÔTRE MAJESTE gouverne avec tant de gloire une Nation à qui l'Empire des Mers ne peut être diſputé par aucune autre; qu'Elle ſemble avoir un droit naturel à l'Offrande que je prens la liberté de mettre à ſes pieds. Je ſerai au comble de mes ſouhaits ſi VÔTRE MAJESTÉ, qui eſt ſur le point de procurer la tranquillité à toute l'Europe par des Traitez qui feront admirer ſa pénétration & ſa bonté à la poſterité la plus reculée, peut trouver Elle-même quelques moments de loiſir qui lui permettent de jetter les yeux ſur cet Ouvrage, Et ſi Elle veut bien le recevoir comme une marque du profond reſpect avec lequel je ſuis

SIRE,

DE VÔTRE MAJESTÉ,

Le très-humble, très-obéïſſant,
& très-dévoüé Serviteur,
RENARD.

HISTOIRE NATURELLE

DES PLUS RARES

CURIOSITEZ

DE LA MER

DES INDES.

TOME I.

1. **Terkoekoe** [m. *térkukur*] | Turtledove
?*Diplodus sargus* (Linnaeus, 1758) | One-spot Seabream

2. **Bot** [d. *bot*] | Flounder
?Pomacentridae gen. et sp. | Damselfish

3. **Koutoueuw** [m. *kutu*] | Parasite
A species of remora.
Echeneis naucrates Linnaeus, 1758 | Live Sharksucker

4. **Adder** [d. *adder*] | Viper
Unidentifiable teleost

5. **Foetak** [m. *foetak* or *foetac*] | Foetac
Aphareus rutilans (Cuvier, 1830) | Rusty Jobfish

6. **Anniko-Moor** [m. *anak*] | Young Moor
Anyperodon leucogrammicus (Valenciennes, 1828) | Slender Grouper

7. **Poupou-Noble** [m. *puput*, f. *noble*] | Noble Blower
Sufflamen bursa (Bloch & Schneider, 1801) | Reef Triggerfish

8. **Parringa** [m. *párang*] | Knife Fish
Acanthurus sp. | Surgeonfish

Fol. 1.
Terkoekoe.
1
Bot.
2
Koutoueuw Espece de Romora.
3
Adder.
4
5
Foetak.
Anniko-Moor.
6
Poupou-Noble.
7
Parringa.
8
a

9. **Ican-Poeti** [m. *ikan, poia-poieti*] Whitefish

Gerres poieti Cuvier, 1829 Strongspine Mojarra

10. **Blanacq** [m. *bélanak*] Belanak

Mugilidae gen. et sp. Mullet

11. **Reeme** [m. *renne*] Renne

Coris gaimard (Quoy & Gaimard, 1824) Yellowtail Coris

12. **Passer** Passer

Pseudodax moluccanus (Valenciennes, 1840) Chiseltooth Wrasse

Fol. 2.
Ican-Poeti.
9
Blanacq.
10
Reeme.
11
Paſſer.
12
b

13. **Bezaan** [d. *bezaan*] — Mizzen
Heniochus acuminatus (Linnaeus, 1758) — Long-fin Bannerfish

14. **Arco-Fredje** — Arco-Fredje
Parapercis sp. — Sandsmelt

15. **Bongon** [m. *boagen*] — Boagen
Anthias sp. — Basslet

16. **Ekorbiro** [m. *ekur-biru*] — Bluetail
?*Centropyge bicolor* (Bloch, 1787) — Bicolor Angelfish

17. **Jacob-Everse Bigarré** [d., f.] — Variegated Jacob Evertzen
Cephalopholis argus (Schneider, 1801) — Peacock Grouper

18. **Joulong-Joulong** [m. *djoeloeng-djoeloeng*] — Julung-julung
Aulostomus chinensis (Linnaeus, 1766) — Chinese Trumpetfish

19. **Sambilang** [m. *sémbilang*] — Sembilang
Plotosus lineatus (Thunberg, 1787) — Striped Eel Catfish

20. **Kamboton** [m. *kam-botton*] — Kam-botton
Amblycirrhitus bimacula (Jenkins, 1903) — Two-spot Hawkfish

21. **Gongiax** — Gongiax
Labridae gen. et sp. — Wrasse

22. **Byenancque** [m. *biji nangka*] — Jackfruit-seed Fish
Mullidae gen. et sp. — Goatfish

Fol. 3.
Bezaan.
13
Arco-Fredje.
14
Bongon.
15
Ekorbiro.
16
Jacob-Everſe Bigarré.
17
Joulong-Joulong.
18
Sambilang.
19
Kamboton.
20
Gongiax.
21
Byenaneque.
22
c

23. **Tandock** [m. *tandok*] | Horn Fish
Naso unicornis (Forsskål, 1775) | Blue-spine Unicornfish

24. **Touring** [m. *toering*] | Toering
Canthidermis maculatus (Bloch, 1786) | Spotted Triggerfish

25. **Poupou** [m. *puput*] | Blower
Melichthys niger (Bloch, 1786) | Black Durgon

26. **Camouro** [m. *canouro* or *canauro*] | Canauro
Stethojulis sp. | Wrasse

27. **Lascine** [m. *lascine*] | Lascine
?*Stethojulis* sp. | Wrasse

28. **Pivot** [m. *pivot*] | Pivot
Stethojulis sp. | Wrasse

29. **Bazuin Femel** [d., m.] | Female Trumpet
Siganus vulpinus (Schlegel & Müller, 1844) | Foxface

30. **Boujaya Couning** [m. *buaya kuning*] | Yellow Crocodile
Corythoichthys sp. | Pipefish

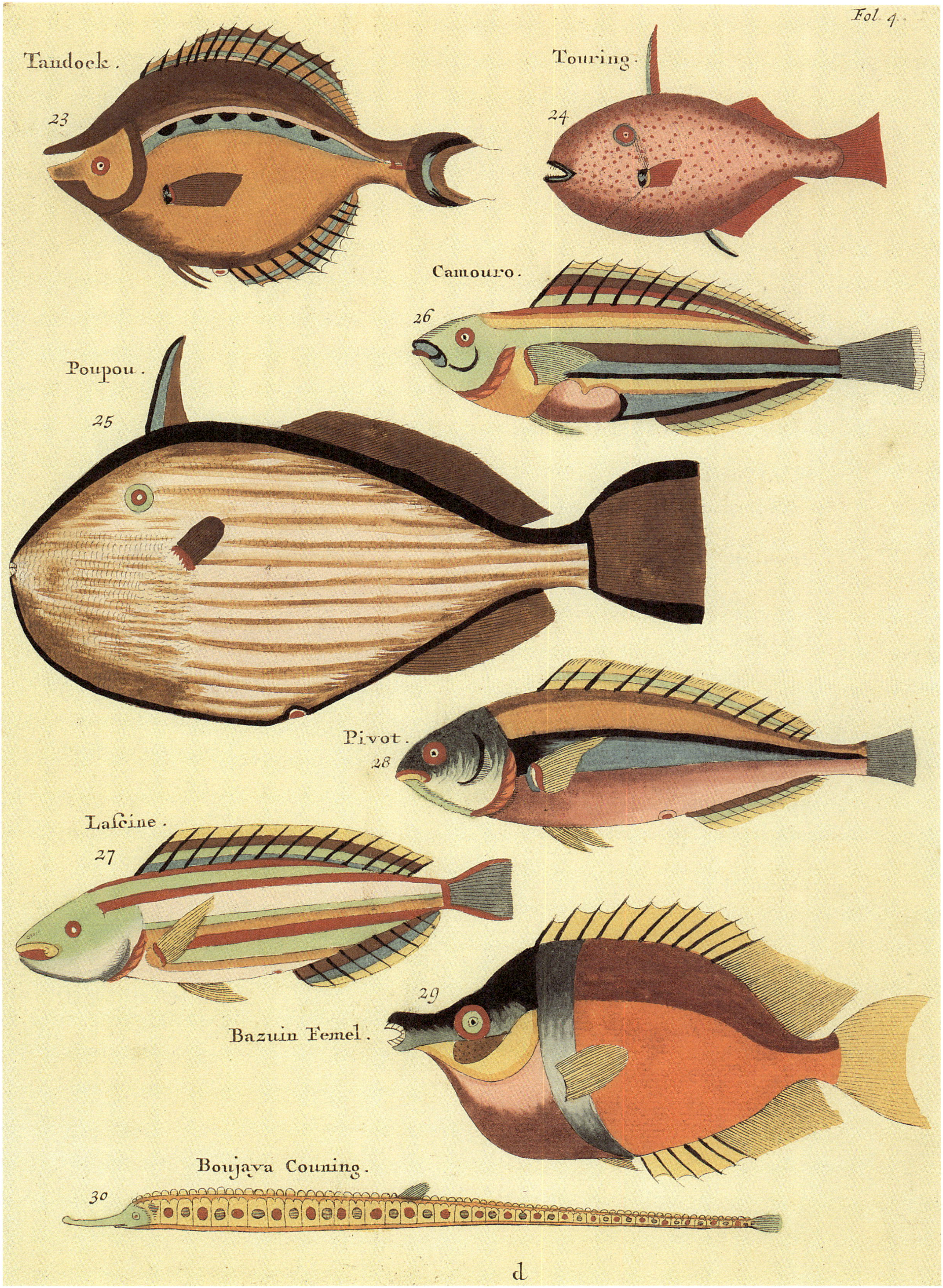
Fol. 4.
Tandock.
23
Touring.
24
Camouro.
26
Poupou.
25
Pivot.
28
Lascine.
27
29
Bazuin Femel.
Boujava Couning.
30
d

31. **Baard Mannetje** [d.] — Little Bearded Man
Upeneichthys lineatus (Bloch, 1801) — Lined Goatfish

32. **Troutoen** — Troutoen
Diodon sp. — Porcupinefish

33. **Gravinne** [d. *gravin*] — Countess
Amphiprion sp. — Anemonefish

34. **Douwing Formosa** [m. *doewing*] — Formosa Doewing
Pomacanthus imperator (Bloch, 1787) — Emperor Angelfish

35. **Ekor-Kouning** [m. *ekur-kuning*] — Yellowtail
?*Centropyge bicolor* (Bloch, 1787) — Bicolor Angelfish

36. **Idombabi** [m. *hidong-babi*] — Pignose
Gomphosus varius (Lacepède, 1801) — Bird Wrasse

37. **Douwing Color** [m. *doewing*, *coloer* or *koeloer*] — Coloer Doewing
Chaetodon vagabundus Linnaeus, 1758 — Vagabond Butterflyfish

38. **Nanourang** — Nanourang
Caranx sp. — Trevally

39. **Coitade** — Coitade
Chaetodon sp. — Butterflyfish

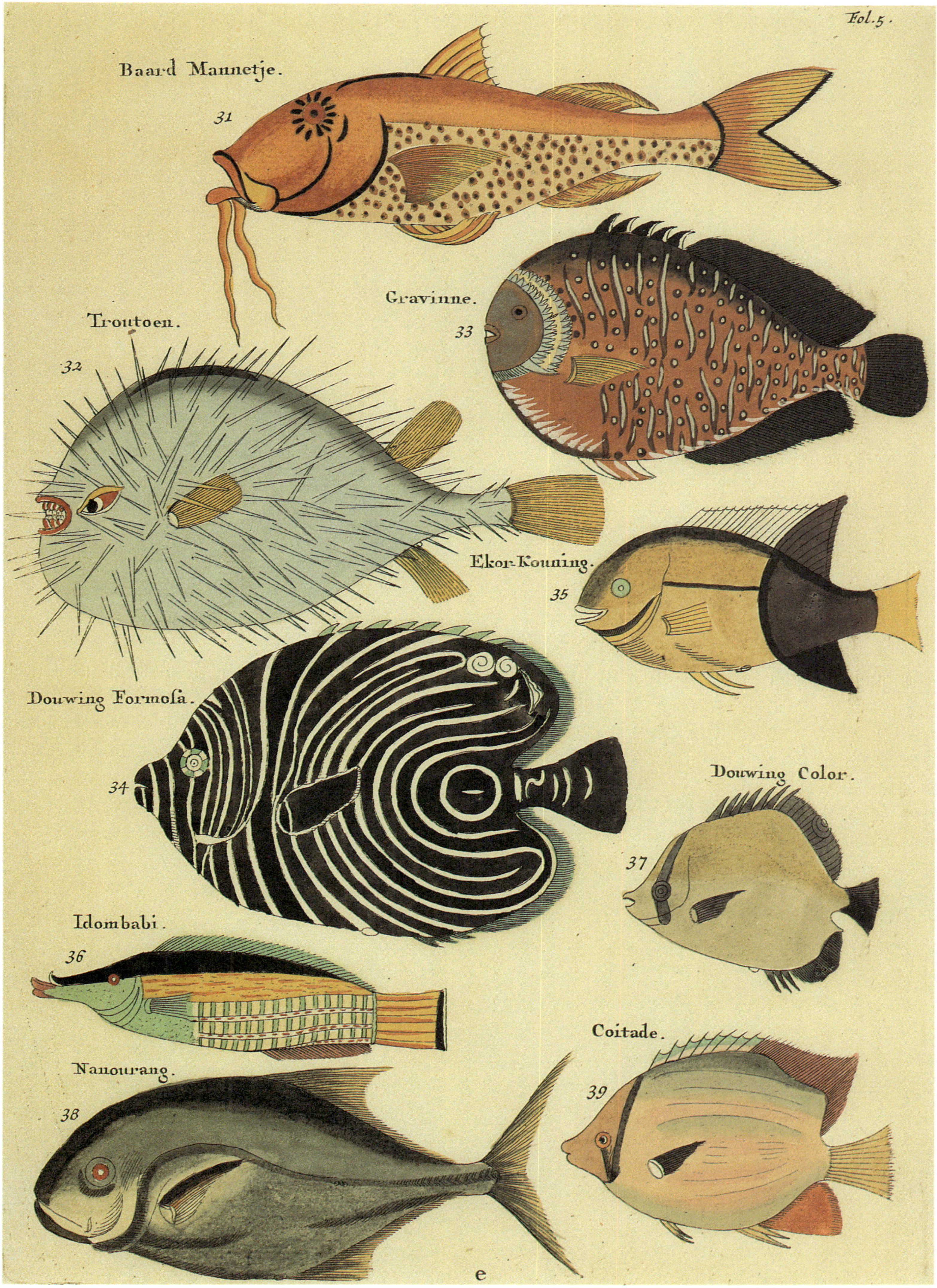
Fol. 5.
Baard Mannetje.
31
Gravinne.
33
Troutoen.
32
Ekor-Kouning.
35
Douwing Formosa.
34
Douwing Color.
37
Idombabi.
36
Coitade.
Nanourang.
39
38
e

40. **Iser Varken** [d. *ijzer, varken*] — Iron Hog
Acanthurus sp. — Surgeonfish

41. **Louw** [d. *leeuw*] — Lion
Dendrochirus zebra (Quoy & Gaimard, 1824) — Zebra Lionfish

42. **Caboes Laowf** [m. *cabos* or *caboes, laoet*] — Sea Cabos
Parapercis robinsoni Fowler, 1932 — Small-scale Sandsmelt

43. **Salkoutoec** — Salkoutoec
Carangoides sp. — Trevally

44. **Mauritius Sardyn** — Mauritius Sardine
Sardinella sp. — Herring

45. **Marquille** — Marquille
Epinephalus sp. — Grouper

46. **Carreauw** [f. *carreau*] — Checkered Fish
Parapercis maculata Bloch & Schneider, 1801 — Spotted Sandsmelt

47. **Camail** [f.] — Bishop's Cloak
Plagiotremus rhinorhynchos (Bleeker, 1852) — Saber-toothed Blenny

48. **Byouw** [f. *bijou*] — Jewel Fish
Thalassoma sp. — Wrasse

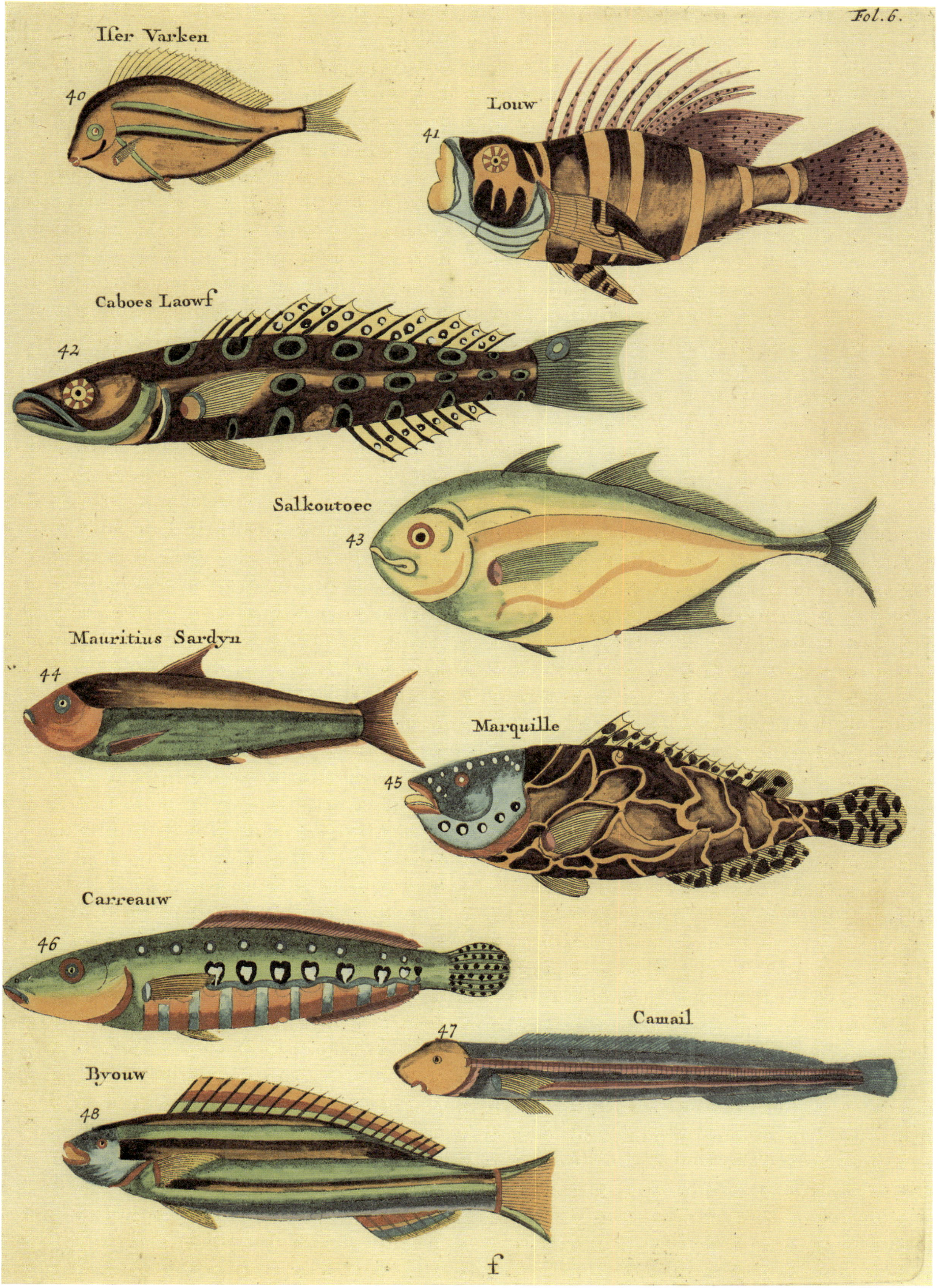
Fol. 6.
Iſer Varken
40
Louw
41
Caboes Laowf
42
Salkoutoec
43
Mauritius Sardyn
44
Marquille
45
Carreauw
46
Camail
47
Byouw
48
f

49. **Jourdin** [m. *jordain*] Jordain
Amphiprion sebae Bleeker, 1853 Seba's Anemonefish

50. **Corbeille** [f.] Basket Fish
Novaculichthys taeniourus (Lacepède, 1801) Rock-mover Wrasse

51. **Troussi** [m. *troesi*] Vitriol Fish
Macropharyngodon meleagris (Valenciennes, 1839) Reticulate Wrasse

52. **Ican Baby** [m. *ikan, babi*] Pigfish
Ruvettus pretiosus Cocco, 1829 Oilfish

53. **Mangelang, Conings-visch** [m. *méngkélah*; d. *coning, visch*] Mengkelah or Kingfish
Scomberomorus sp. Spanish Mackerel

54. **Cojer Laudt** [m. *coje* or *koje, laoet*] Sea Coje
Acanthurus lineatus (Linnaeus, 1758) Lined Surgeonfish

Jourdin.
49
50
Corbeille.
Troussi.
51
Ican Baby.
52
Mangelang. Conings-visch.
53
54
Cojer Laudt.

55. **Parring of Chnees** [m. *párang*] Knife Fish or Chnees
Chirocentrus dorab (Forsskål, 1775) Dorab Wolf Herring

56. **Geep Serooy** [d. *geep*] Serooy Garfish
Tylosurus crocodilus (Peron & Lesueur, 1821) Houndfish

57. **Cambat** Cambat
?*Echidna* sp. Moray Eel

58. **Douwing Prins** [m. *doewing*, d. *prins*] Prince Doewing
Chaetodon rafflesi Bennett, 1830 Latticed Butterflyfish

59. **Douwing Princesse** [m. *doewing*, f. *princess*] Princess Doewing
Chaetodon citrinellus Cuvier, 1831 Speckled Butterflyfish

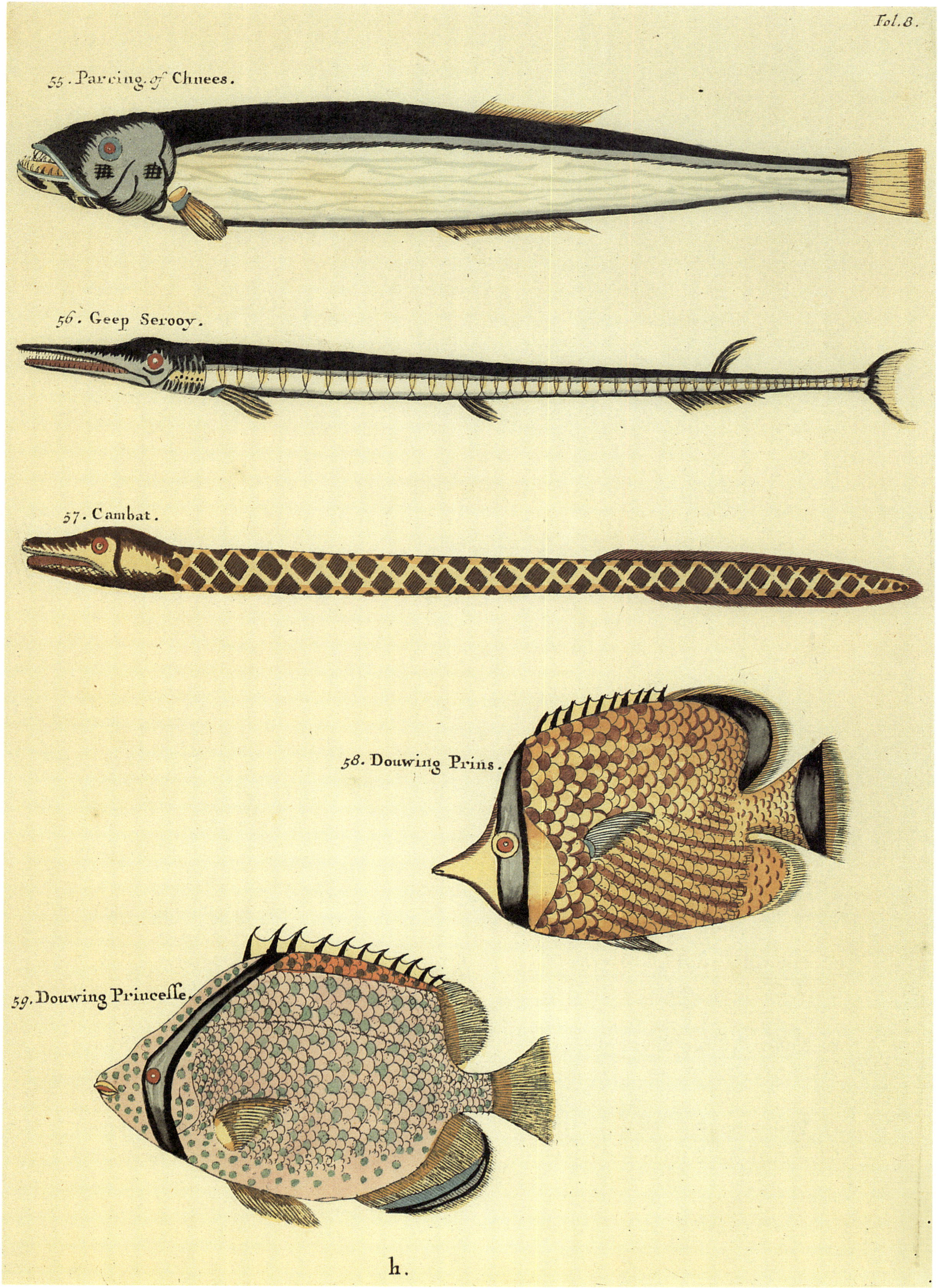
Fol. 8.
55. Parcing of Chnees.
56. Geep Serooy.
57. Cambat.
58. Douwing Prins.
59. Douwing Princesse.
h.

60. **Macolor** Macolor

A species of cockatoo, or parrotfish.

Macolor niger (Forsskål, 1775) Black-and-White Snapper

61. **Cabbellaau de l'isle Maurice** [d. *kabeljauw*] Mauritius Codfish

Paracirrhites forsteri (Bloch & Schneider, 1801) Blackside Hawkfish

62. **Voorn de l'isle Maurice** [d. *voorn*] Mauritius Roach

Thalassoma trilobatum (Lacepède, 1801) Ladder Wrasse

63. **Philosoophe** [d. *filosoof*] Philosopher

Acanthurus nigricans (Linnaeus, 1758) Golden-rimmed Surgeonfish

60. Macolor. Espece de Kakatoe. ou Poisson Perroket.

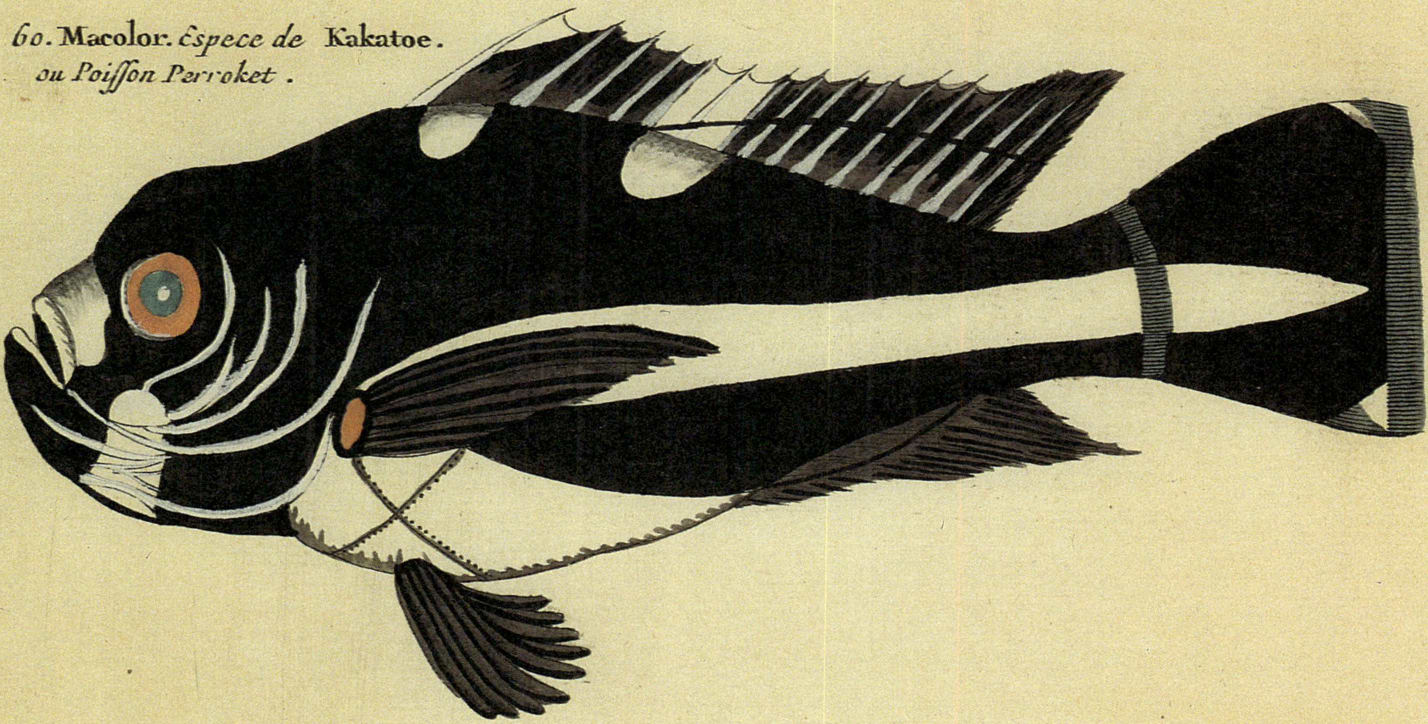

61. Cabbellaau de l'isle Maurice.

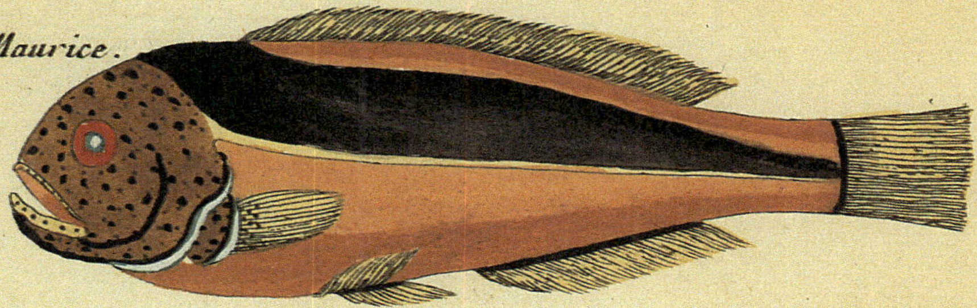

62. Voorn de l'isle Maurice.

63. Philosoophe.

64. **Marlpriem, Slier of Sor** [d. *marlpriem, slier*] — Marlinspike or Streaker

Elagatis bipinnulata (Quoy & Gaimard, 1824) — Rainbow Runner

65. **Lasacker** [m. *lasacker* or *lazakker*] — Lazakker

Periophthalmus sp. — Mudskipper

66. **Terbang Boudjou** [m. *térbang, boudjou*] — Flying Boudjou

Dactyloptena orientalis (Cuvier, 1829) — Oriental Flying Gurnard

67. **Vliegende Harder** [d.] — Flying Mullet

A very common flying fish.

Exocoetidae gen. et sp. — Flyingfish

64. Marlpriem, Slier, *of* Sor.

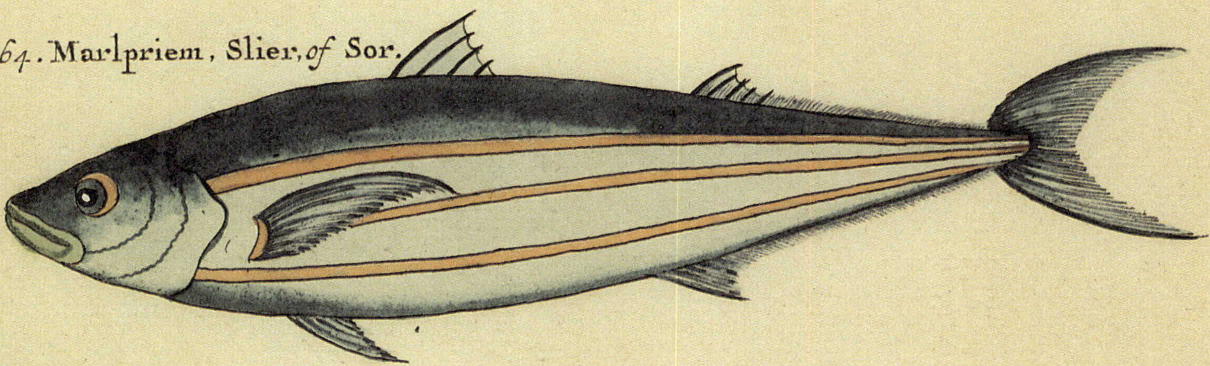

65. Lasacker.

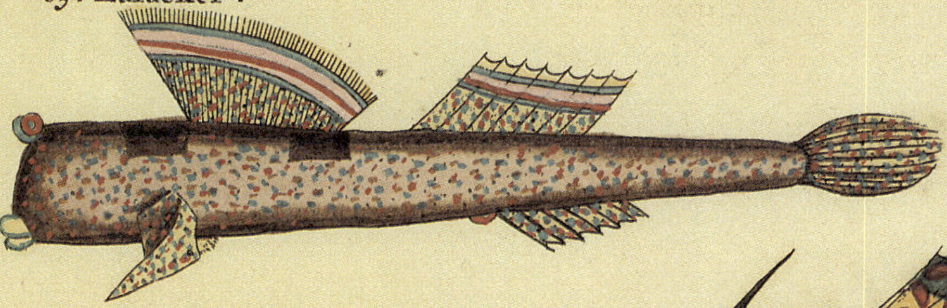

66. Terbang Boudjou.

67. Vliegende Harder.
Poisson vollant tres commun.

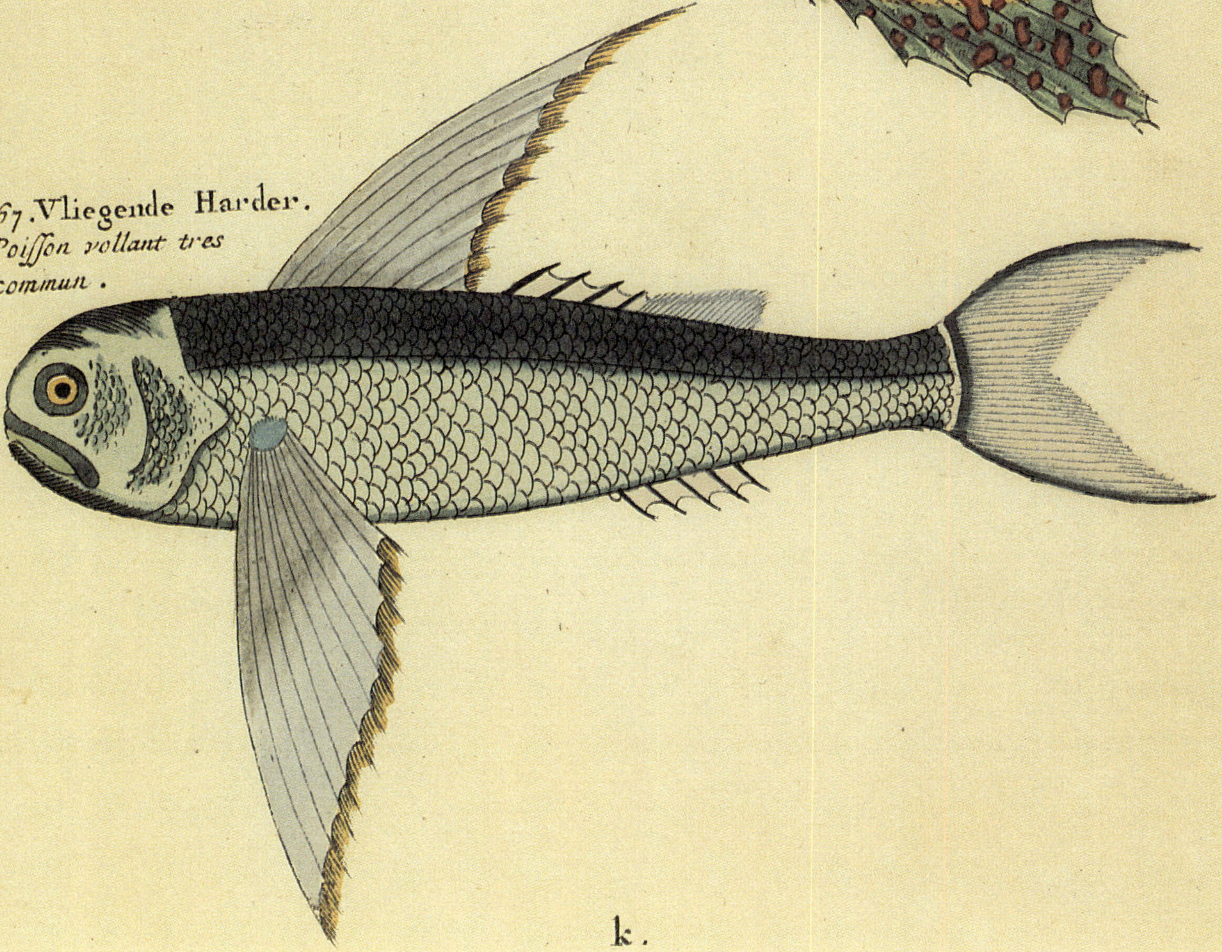

68. **Ican Couda ou Lauwd Femelle** [m. *ikan, kuda, laoet*; f. *femelle*] Horsefish or Sea Female
Hippocampus kuda Bleeker, 1852 Bleeker's Sea Horse

69. **Ewauwe Pangay ou Luey** Ewauwe Pangay or Luey
Aluterus scriptus (Osbeck, 1765) Scrawled Filefish

70. **Canjounou** Canjounou
Cephalopholis argus (Schneider, 1801) Peacock Grouper

71. **Brigadier** [f.] Corporal
Halichoeres hortulanus (Lacepède, 1801) Checkerboard Wrasse

Fol. 11.
68. Iean Couda, ou Lauwd Femelle.
69. Ewauwe Pangay ou Luey.
70. Canjounou.
71. Brigadier.
1.

72. **Waboulang, Zilvere Visch** [m. *wawoelang*, d. *zilvere*] Wawoelang or Silverfish

The very tasty silver fish.

Heteropriacanthus cruentatus (Lacepède, 1802) Glasseye

73. **Bouaya** [m. *buaya*] Crocodile

It whistles so loudly that it can be heard for great distances at sea. This fish lives a long time out of water. It can be folded like a handkerchief and put in one's pocket, and when taken out, it immediately takes on its former shape.

Syngnathoides biaculeatus (Bloch, 1785) Horned Pipefish

74. **Turbot de l'isle Maurice** Mauritius Turbot

A very good turbot of the island of Mauritius.

Plectroglyphidodon dickii (Liénard, 1839) Dick's Damselfish

75. **Galioen Visch** [d. *galjoen*] Galleon Fish

Platax sp. Spadefish

76. **Besaantie** [d. *bezaantje*] Little Mizzen

The small sailboat, of which there are several species.

Zanclus cornutus (Linnaeus, 1758) Moorish Idol

72. Waboulang. *Zilvere Visch. Le Poisson d'argent fort delicieux.*

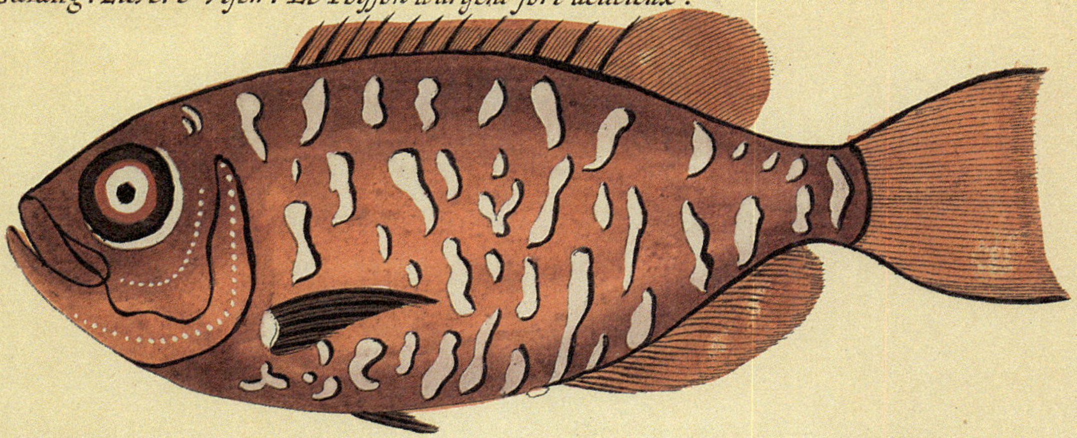

73. Bouaya. *Il Sifle qu'on l'entend de fort loing en mer. Ce poisson vit assez long temps hors de l'eau. On peut le tortiller comme un mouchoir et le porter ainsi dans la poche. d'où quand on le retire il reprend subitement sa figure.*

74. Turbot *de l'isle Maurice très-bon.*

75. Galioen Visch.

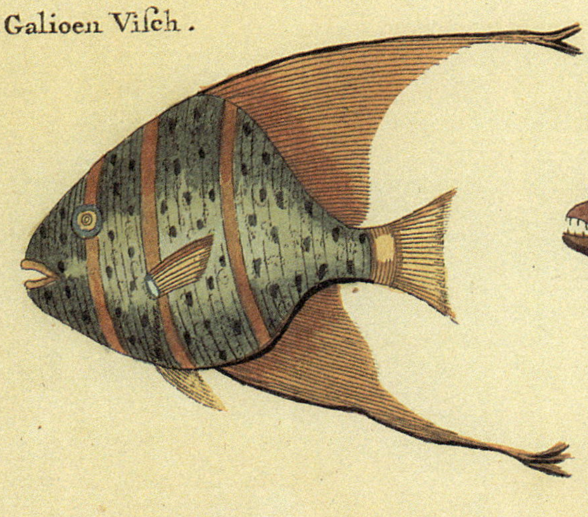

76. Besaantie. *Le petit Voillier dont il y a plusieurs especes.*

77. **Ekorpante de l'isle Maurice** [m. *ekur*] — Mauritius Ekurpante
Pomacanthus sexstriatus (Cuvier, 1831) — Six-banded Angelfish

78. **Gaya** [m. *gadjah*] — Elephant
A species of paradise fish.
Mastacembelus sp. — Spiny Eel

79. **Omma** [m. *oema*] — Oema
Naso vlamingii (Valenciennes, 1835) — Vlamingh's Unicornfish

80. **Moriat Lauwf ou Duc** [m. *moriat, laoet*; f. *duc*] — Sea Moriat or Duke
Acanthurus lineatus (Linnaeus, 1758) — Lined Surgeonfish

77. Ekorpante. *de l'isle Maurice.*

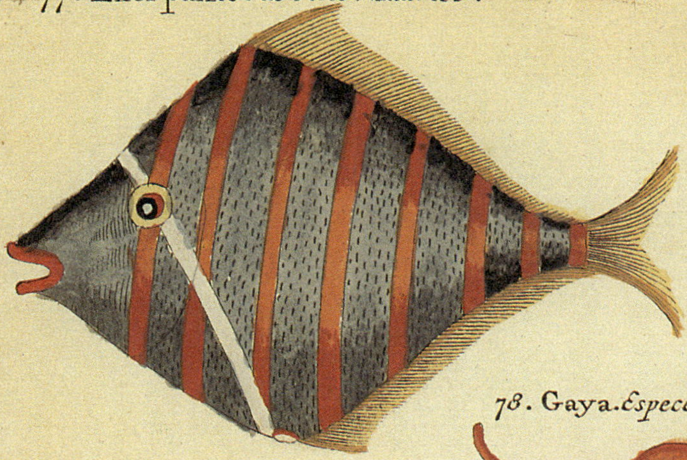

78. Gaya. *Espece de poisson de Paradis.*

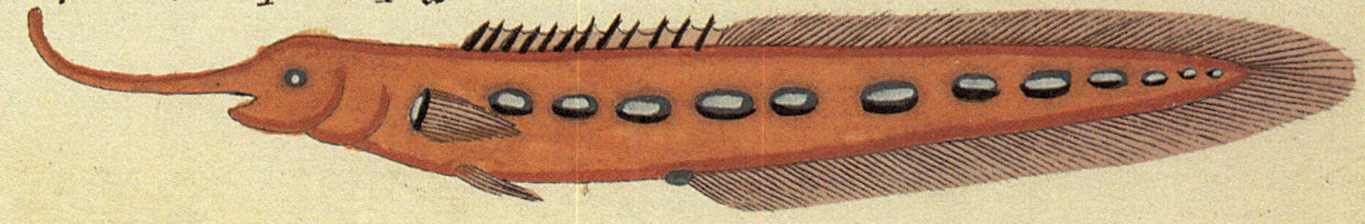

79. Omma.

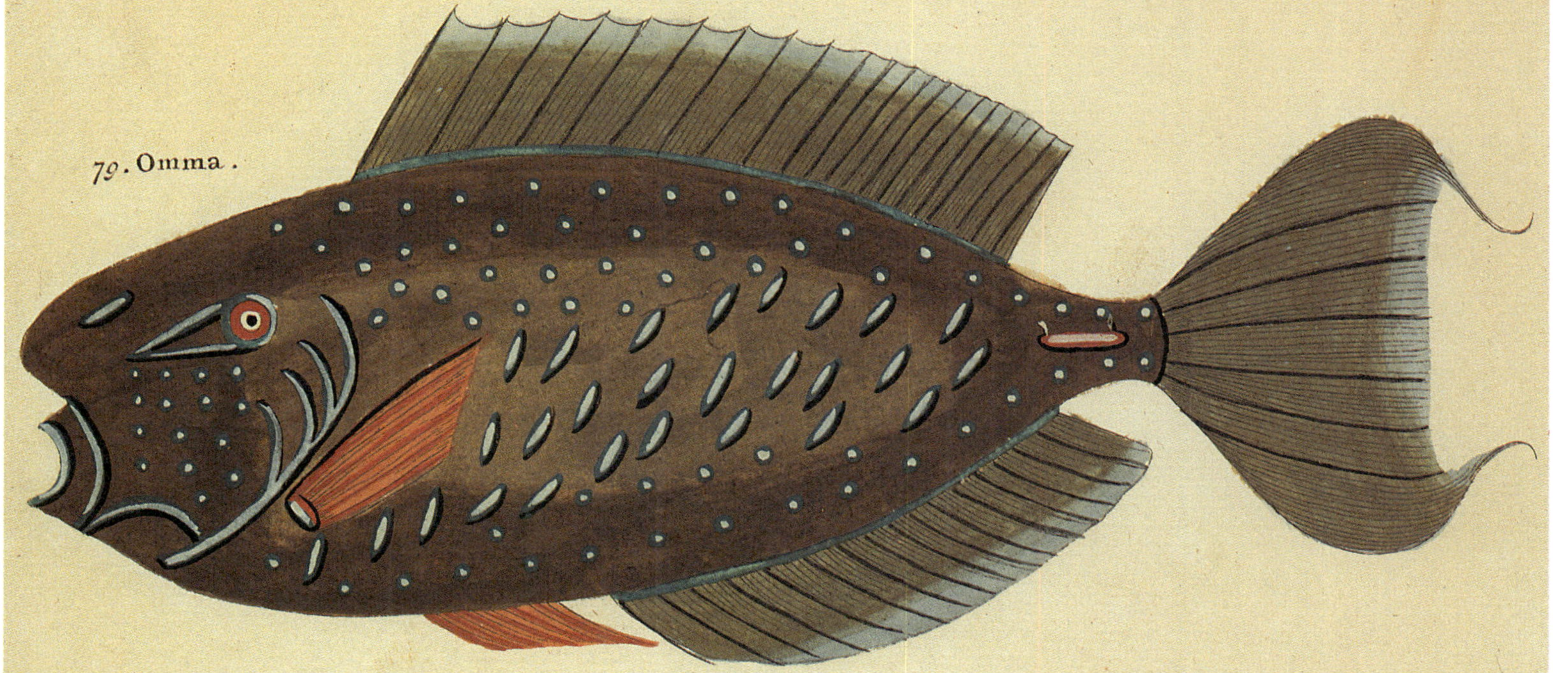

80. Moriat Lauwf, *ou* Duc.

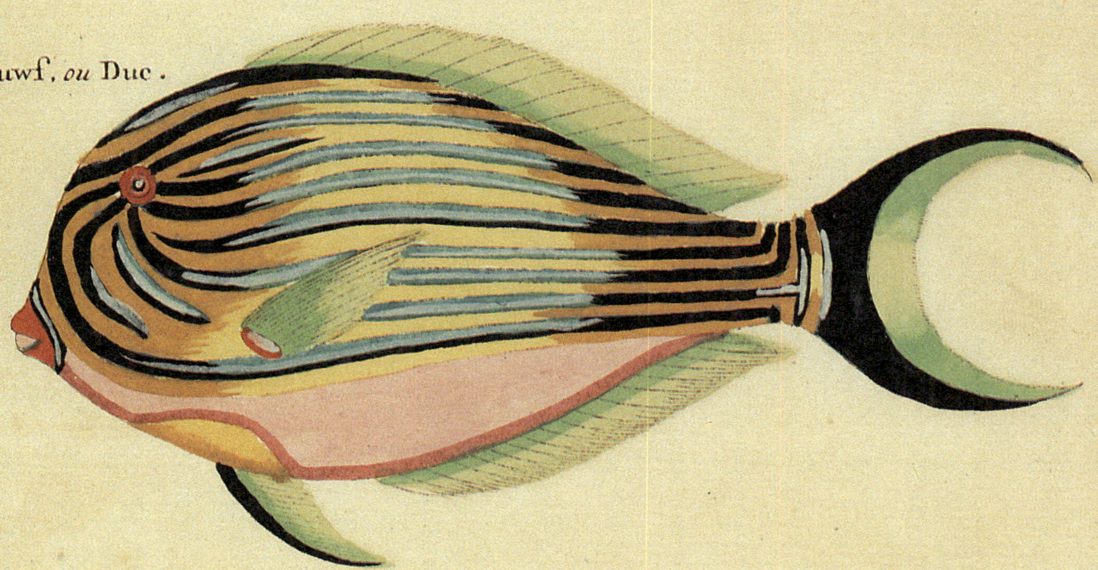

81. **Duchesse** [d.] Duchess

This is a species of doewing, of which there are a great number of diverse species.

Pygoplites diacanthus (Boddaert, 1772) Regal Angelfish

82. **Caantie** Caantie

Pighead. Oyster eater.

Zebrasoma scopas (Cuvier, 1829) White-spotted Tang

83. **Juffertie** [d.] Missy

Little maiden.

Gomphosus varius (Lacepède, 1801) Bird Wrasse

84. **Banda** Banda

Good and plentiful.

Xyrichtys pentadactylus (Linnaeus, 1758) Five-fingered Wrasse

81. Duchesse. *C'est une espece de Douwing dont il y a très-grand nombre de diverses especes.*

82. Caantie. *Tête de cochon. Mangeur d'huitres.*

83. Juffertie. *Petite Demoiselle.*

84. Banda. *bon et commun.*

85. **Toutetou-Mamel** [m. *toetetoe, mamel*] — Male Toetetoe
Pempheris sp. — Sweeper

86. **St. Peters** — Saint Peter's Fish
Fish with five fingers.
Scomberoides lysan (Forsskål, 1775) — Double-spotted Queenfish

87. **Pesque Cavalle, Coblyn ou Lema** [p. *peixe cavalo*] — Horsefish, Coblyn or Lema
?*Cubiceps* sp. — Driftfish or Cubehead

88. **Turin Saratse** [m. *toering, sosarat, saraza*] — Saraza Toering
Balistoides conspicillum (Bloch & Schneider, 1801) — Clown Triggerfish

85. Toutetou-Mamel.

86. St. Peters. *ou poiſſon de cinq doigts.*

87. Pesque Cavalle, Coblyn *ou* Lema.

88. Turin Saratſe.

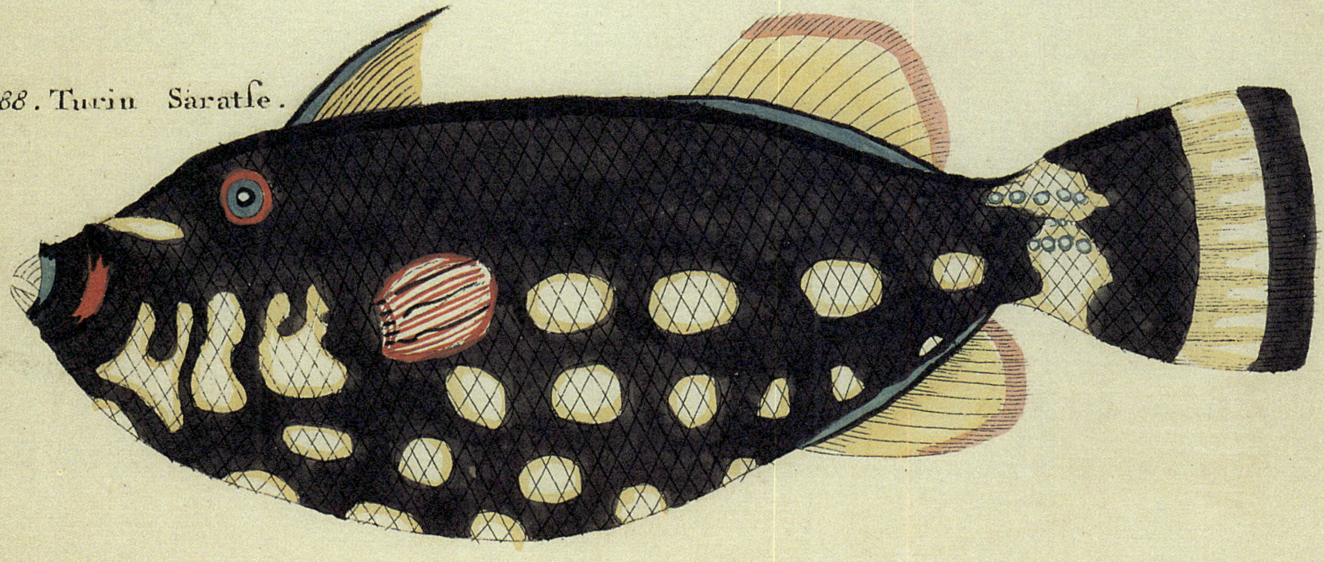

89. **Sardine de Malacca** — Malacca Sardine
Herklotsichthys quadrimaculatus (Rüppell, 1837) — Bluestripe Herring

90. **Pangay ou Kapirat** — Pangay or Papirat
Notopterus notopterus (Pallas, 1780) — Featherback

91. **Pabia ou Carbauw** [m. *kérbau*] — Pabia or Buffalo
Siluridae gen. et sp. — Sheatfish

92. **Douwing Admiral** [m. *doewing*, d. *admiraal*] — Admiral Doewing
Pomacanthus navarchus (Cuvier, 1831) — Blue-girdled Angelfish

93. **Douwing Cammus** [m. *doewing*, f. *camus*] — Snub-nosed Doewing
Pomacanthus imperator (Bloch, 1787), adult — Emperor Angelfish

Fol. 16.
89. Sardine de Malacca.
90. Pangay ou Kapirat.
91. Pabia ou Carbauw.
92. Douwing Admiral.
93. Douwing Cammus.
9.

94. **Naouti** — Naouti

Lethrinus sp. — Emperor

95. **Abaleeuw** — Abaleeuw

?Sparidae gen. et sp. — Seabream or Stumpnose

96. **Kokenbouti** — Kokenbouti

Melichthys vidua (Solander, in Richardson, 1849) — Pinktail Durgon

97. **Corbeille** [f.] — Basket

Halichoeres sp. — Wrasse

94. Naouti.

95. Abaleeuw.

96. Kokenbouti.

97. Corbeille.

98. **Kandawaar** [m. *kandawara* or *candawara*] — Kandawara
Melichthys niger (Bloch, 1786) — Black Durgon

99. **Schout by Nacht** [d. *schout bij nacht*] — Rear Admiral
Bodianus mesothorax (Bloch & Schneider, 1801) — Black-belt Wrasse

100. **Macreel** [d. *makreel*] — Mackerel
?*Trachurus* sp. — Scad

101. **Ekorbiro** [m. *ekur-biru*] — Bluetail
?*Centropyge bicolor* (Bloch, 1787) — Bicolor Angelfish

102. **Imperator** — Emperor
Paracirrhites arcatus (Cuvier, 1829) — Ring-eyed Hawkfish

103. **Cambat babi** [m. *babi*] — Cambat Pig
Unknown anguilliform — Eel

Fol. 18.
98. Kandawaar.
99. Schout by Nacht.
100. Macreel.
101. Ekorbiro.
102. Imperator.
103. Cambat babi.
L.

104. **Moron Boussouk** [m. *moron*, d. *boesoek*] — Rotten Moron

?*Siganus* sp. — Rabbitfish

105. **Galle Galle** — Galle Galle

Sarda sp. — Bonito

106. **Color Sousounam** [m. *coloer* or *koeloer*, *susuhunan*] — Susuhunan Coloer

Centropyge bicolor (Bloch, 1787) — Bicolor Angelfish

107. **Courkipas** [m. *ekur*, *kipas*] — Fantail

Zebrasoma veliferum (Bloch, 1797) — Sailfin Tang

108. **Sasawar** [m. *sasawar*] — Sasawar

Kuhlia mugil (Schneider, 1801) — Barred Flagtail

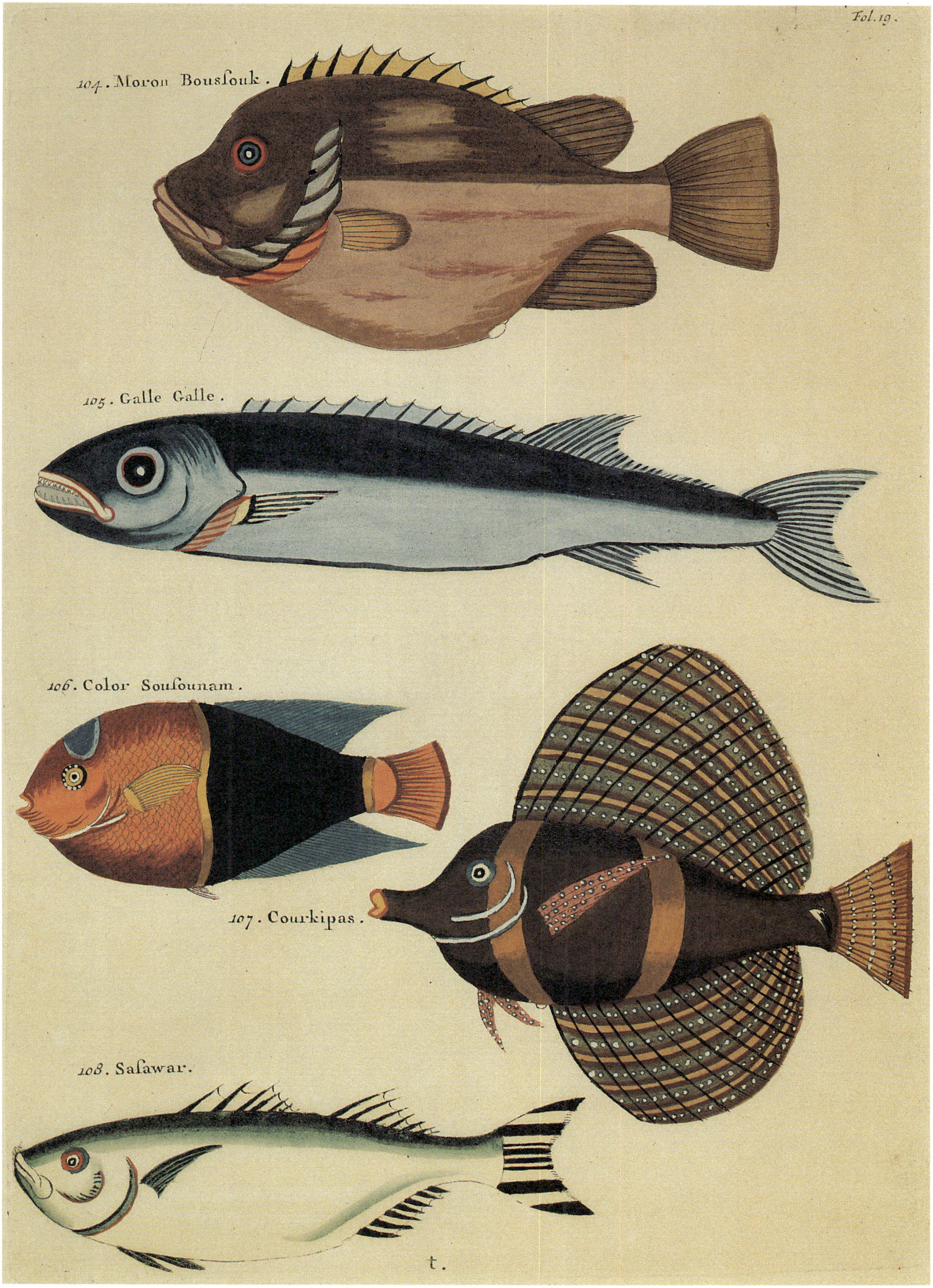

Fol. 19.
104. Moron Bousſouk.
105. Galle Galle.
106. Color Souſounam.
107. Courkipas.
108. Saſawar.
t.

109. **Douwing Baron** [m. *doewing*, f.]	Baron Doewing
Chaetodon trifasciatus Mungo Park, 1797	Red-fin Butterflyfish
110. **Marack** [m. *mérak*]	Peacock
Lutjanus bengalensis (Bloch, 1790)	Bengal Snapper
111. **Iacob Everse** [d.]	Jacob Evertzen
Cephalopholis argus (Schneider, 1801)	Peacock Grouper
112. **Kakatoua Capitano** [m. *kékétua*]	Captain Cockatoo
Parrotfish.	
Scarus sp.	Parrotfish
113. **Benyt**	Benyt
Katsuwonus pelamis (Linnaeus, 1758)	Skipjack Tuna

109. Douwing Baron.

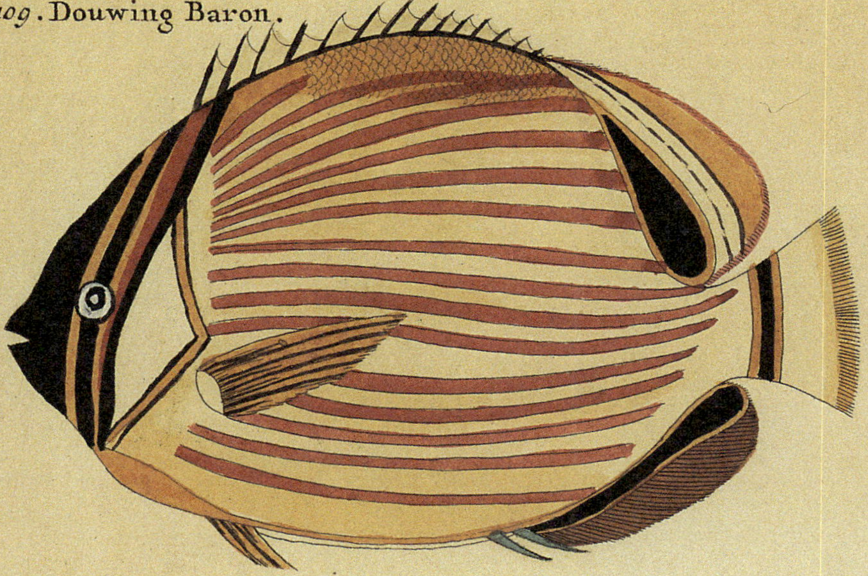

110. Marack.

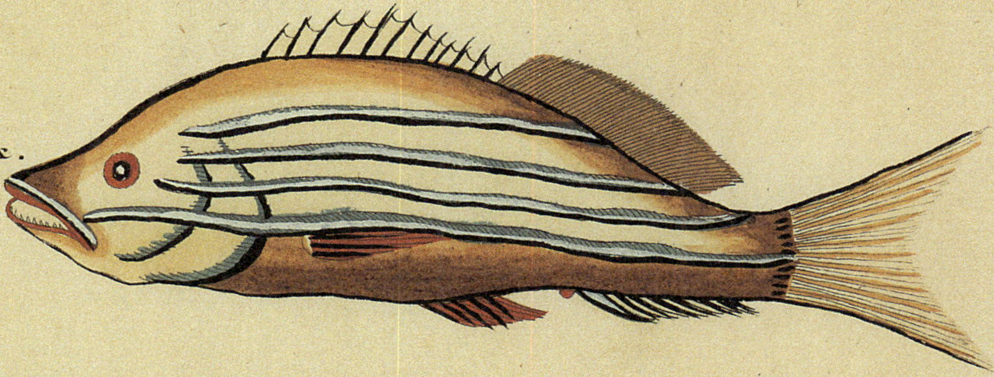

111. Iacob Everse.

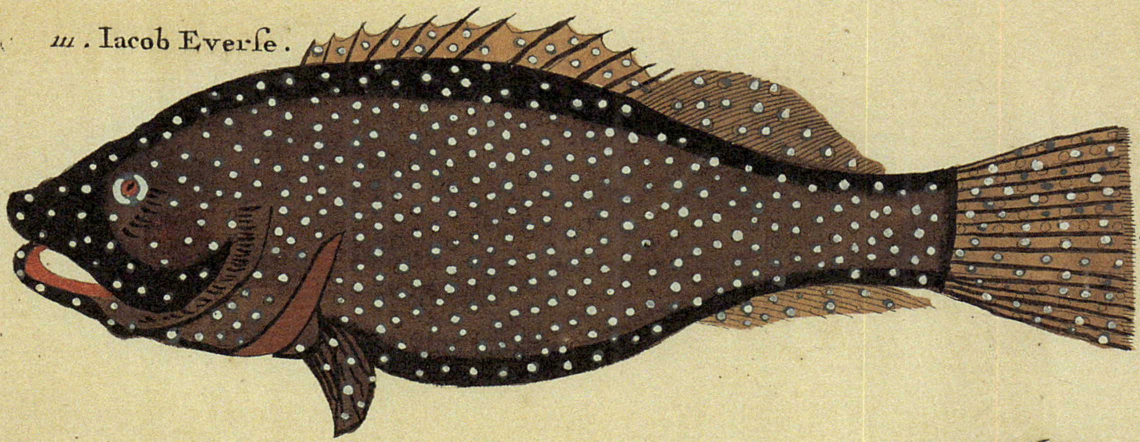

112. Kakatoua Capitano.
Poisson Perroquet.

113. Benyt.

114. **Raven Bek** [d.] — Raven Beak
Cheilinus sp. — Wrasse

115. **Formosa** — Formosa
Halichoeres argus (Bloch & Schneider, 1801) — Argus Wrasse

116. **Douwing Royal** [m. *doewing*] — Royal Doewing
Chaetodon rafflesi Bennett, 1830 — Latticed Butterflyfish

117. **Brocade** [d. *brokaat*, f. *brocart*] — Brocade
Thalassoma quinquevittatum (Lay & Bennett, 1839) — Five-stripe Wrasse

118. **Mauritius Oud Wyf** [d.] — Mauritius Old Wife
?*Cheilinus fasciatus* (Bloch, 1791) — Red-breasted Wrasse

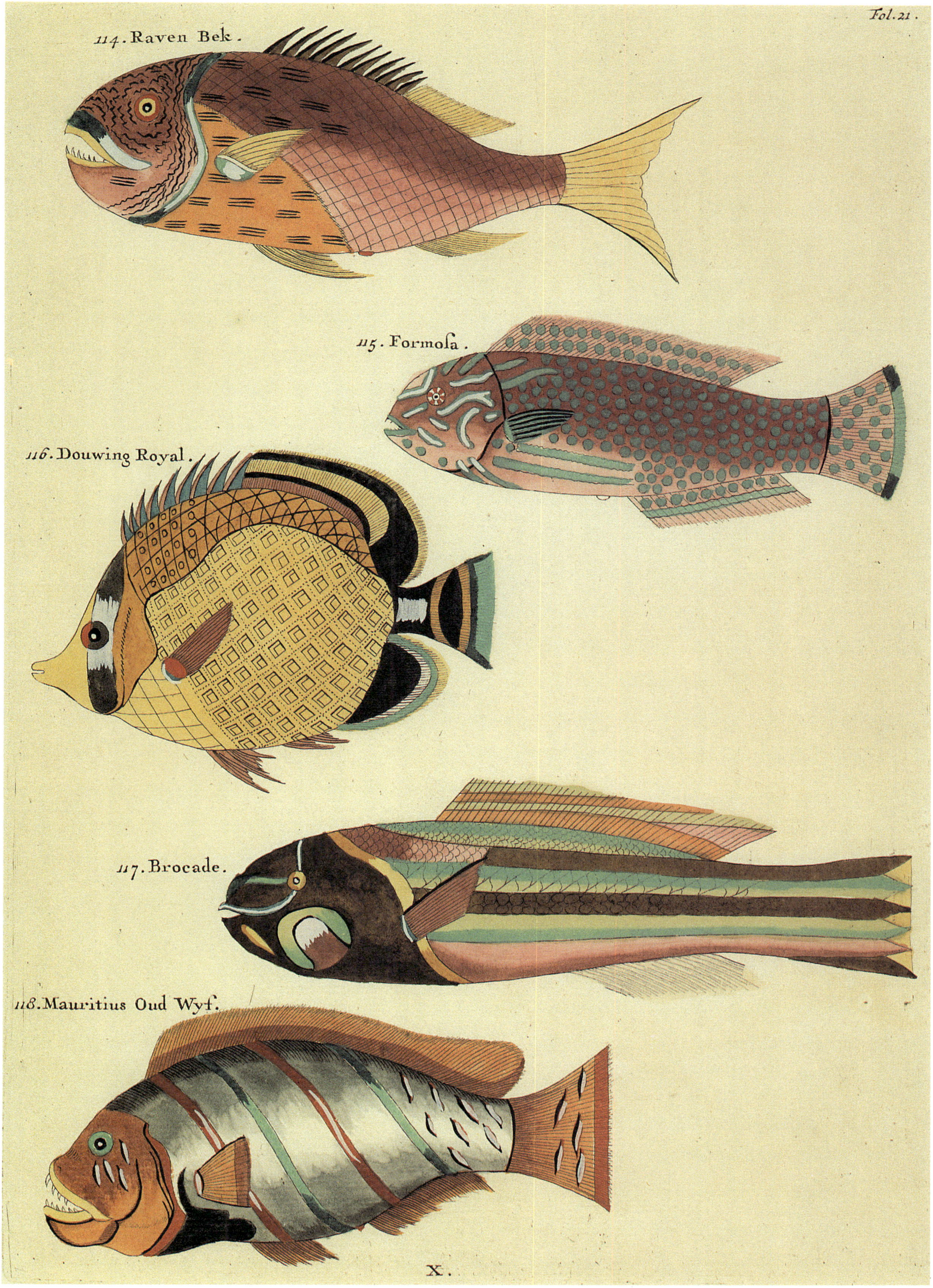
Fol. 21.
114. Raven Bek.
115. Formosa.
116. Douwing Royal.
117. Brocade.
118. Mauritius Oud Wyf.
X.

119. **Aagie van Enchuysen** [d.] — Aagje of Enkhuizen
Acanthurus sp. — Surgeonfish

120. **Orangcaay** [m. *orang, kaya*] — Nobleman
Plectropomus laevis (Lacepède, 1802) — Black-saddled Grouper

121. **Parallelogram** — Parallelogram
Chaetodontoplus mesoleucus (Bloch, 1787) — Vermiculated Angelfish

122. **Tontelton** — Tontelton
Premnas biaculeatus (Bloch, 1790) — Spine-cheek Anemonefish

123. **Dorades Dauphin** [f.] — Gilt-head Dolphin
Coryphaena hippurus Linnaeus, 1758 — Common Dolphinfish

119. Aagie van Enchuysen.

120. Orangeaay.

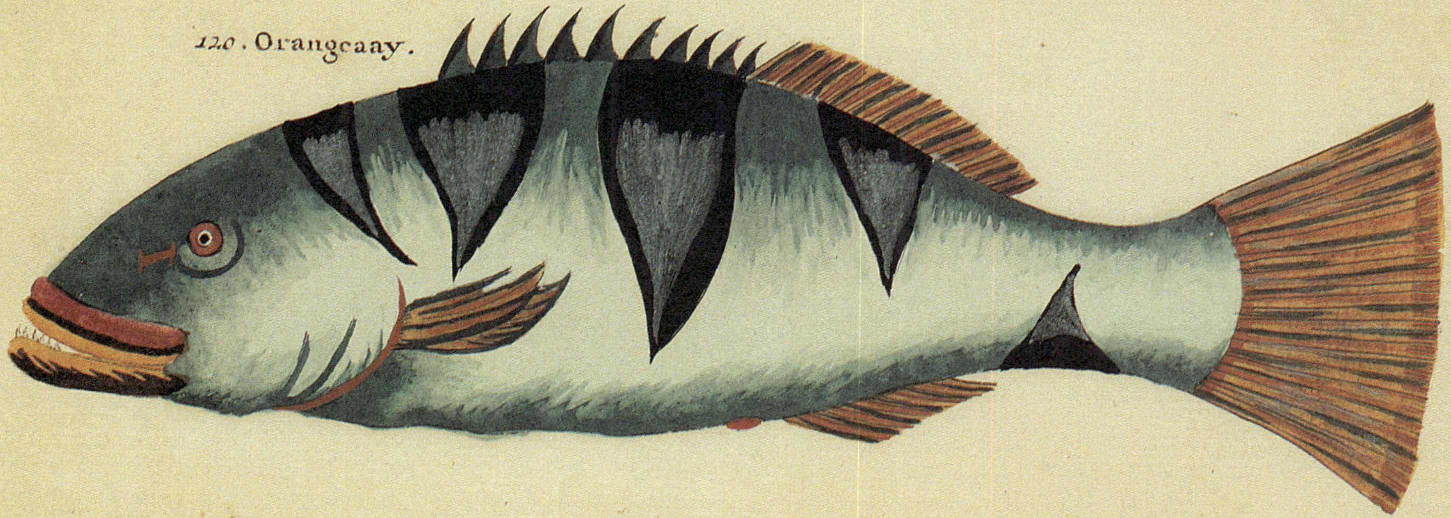

121. Parallelogram.

122. Tontelton.

123. Dorades Dauphin.

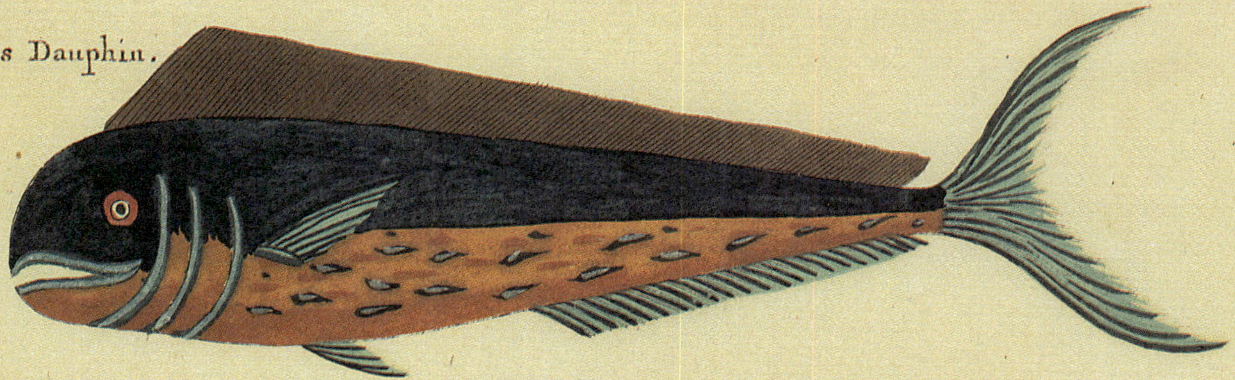

Y

124. **Doudieuw**
Gymnosarda unicolor (Rüppell, 1838)

Doudieuw
Dogtooth Tuna

125. **Zee Luys** [d. *zee, luis*]
Louse of the Sea.
Mothocya renardi (Bleeker, 1856)

Sea Louse
Renard's Sea Louse

126. **Douwing Hertogin** [m. *doewing*, d.]
Chaetodon vagabundus Linnaeus, 1758

Duchess Doewing
Vagabond Butterflyfish

127. **Lafetek Couning** [m. *lafitik kuning*]
?*Pseudosquilla* sp.

Yellow Stomatopod
Mantis Shrimp

128. **Marouque** [d. *marokijn*]
Naso lituratus (Schneider, 1801)

Morocco
Orange-spine Unicornfish

124. Doudieuw.

125. Zee Luys. *Pou de Mer.*

126. Douwing Hertogin.

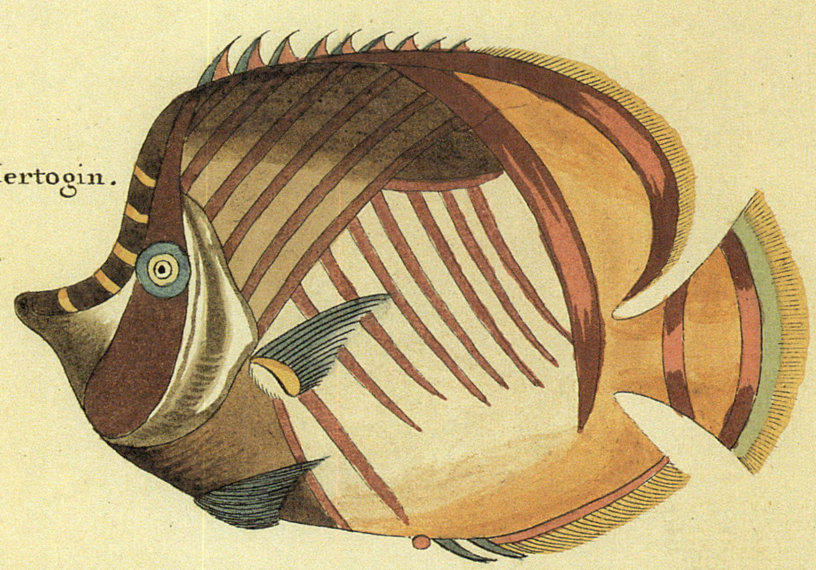

127. Lafetek Couning.

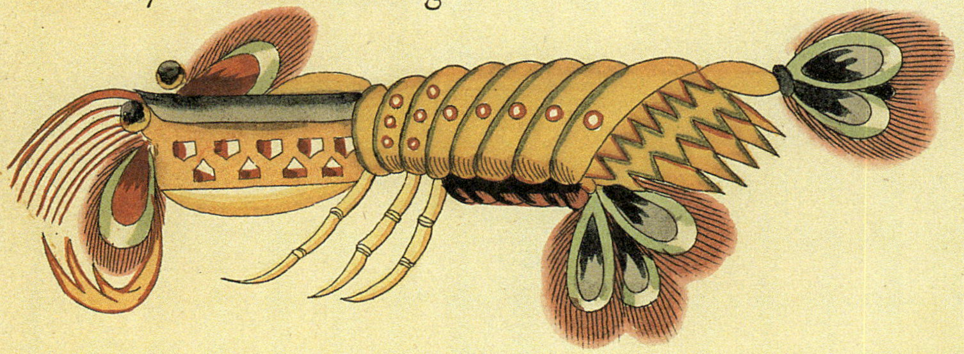

128. Marouque.

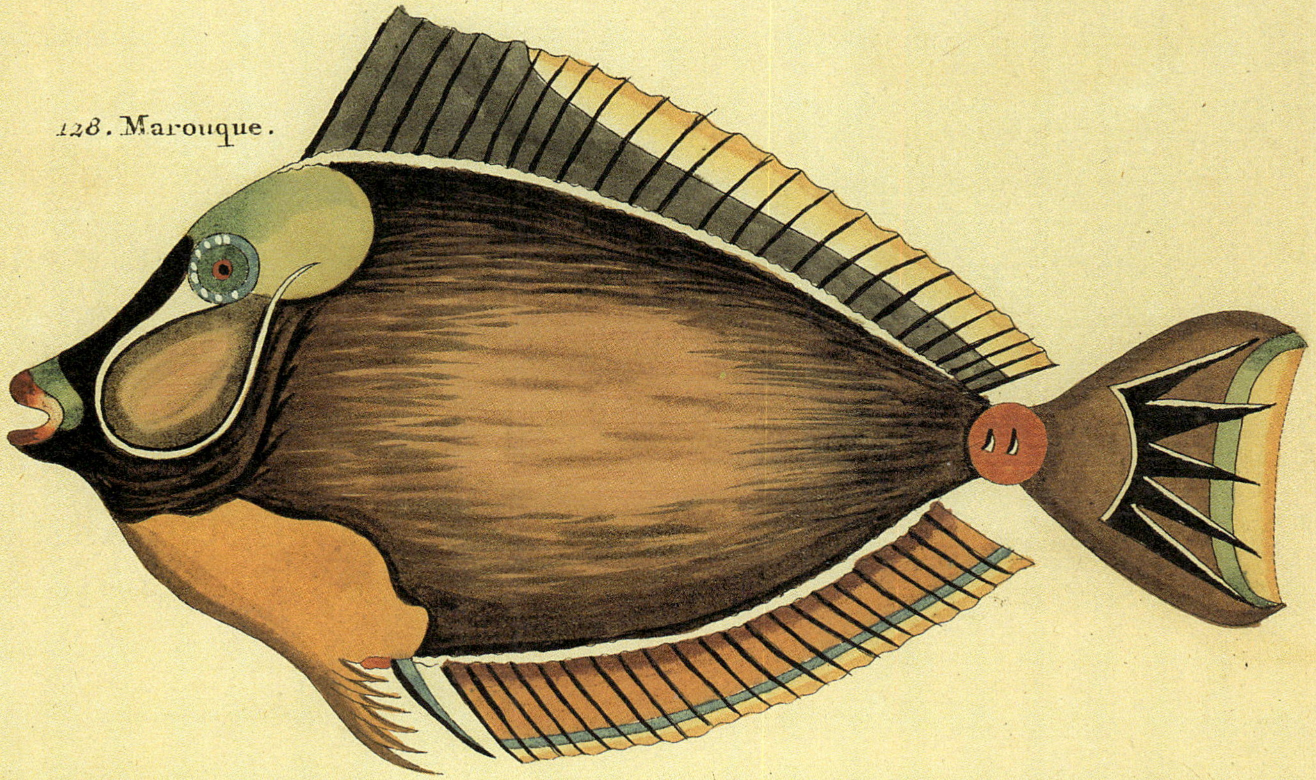

129. **Cambing** [m. *kambing*]
Platax sp.

Goat
Spadefish

130. **Eenhorn, Licorne** [d. *eenhoorn*]
Naso brevirostris (Valenciennes, 1835)

Unicorn
Spotted Unicornfish

131. **Paradys** [d. *paradijs*]
Labroides dimidiatus (Valenciennes, 1839)

Paradise Fish
Cleaner Wrasse

132. **Phoenix**
Cheilinus fasciatus (Bloch, 1791)

Phoenix
Red-breasted Wrasse

133. **Gallenay Castouri**
Stethojulis bandanensis (Bleeker, 1851)

Gallenay Castouri
Banda Wrasse

129. Cambing.
130. Eenhoorn. Licorne.
131. Paradys.
132. Phoenix.
133. Gallenay Castouri.

134. **Ewauwe** | Ewauwe
Pervagor janthinosoma (Bleeker, 1854) | Violet Filefish

135. **Douwing Marquis** [m. *doewing*, f.] | Marquis Doewing
Chaetodon meyeri Bloch & Schneider, 1801 | Meyer's Butterflyfish

136. **Steen Brassem** [d. *steen*, *brasem*] | Stonebream
Lethrinus sp. | Emperor

137. **Ongirat** [m. *onggara*] | Onggara
Siganus sp. | Rabbitfish

138. **Ican Ticus** [m. *ikan*, *tikus*] | Ratfish
Canthigaster sp. | Sharpnose Pufferfish

139. **Mauritius Blick** [d. *bliek*] | Mauritius Sprat
Apogonidae gen. et sp. | Cardinalfish

Fol. 25.
134. Ewauwe.
135. Douwing Marquis.
136. Steen Brassem.
137. Ongirat.
138. Ican Ticus.
139. Mauritius Blick.
bb.

140. **Mauritius Gulletie** [d. *gulletje, gul*] Little Mauritius Codfish

Macropharyngodon sp. Wrasse

141. **Mauritius Goud-Visje** [d.] Little Mauritius Goldfish

The golden fish of the island of Mauritius.

Apogon cyanosoma (Bleeker, 1853) Gold-striped Cardinalfish

142. **Folo Pesque Royal** [s. *robalo*] Royal Folo Fish

Doew fish.

?*Polydactylus plebeius* (Broussonet, 1782) Striped Threadfin

143. **Schout by Nacht** [d. *schout bij nacht*] Rear Admiral

Bodianus mesothorax (Bloch & Schneider, 1801) Black-belt Wrasse

144. **Quick Steert Mannetie** [d. *kwikstaart mannetje*] Male Wagtail

These two fish [figs. 144 and 145], male and female, never leave each other. When one is caught, the other follows the fisherman and offers itself to be caught as well; if it is not caught, it throws itself upon the beach to die.

Genicanthus lamarck (Lacepède, 1802) Lamarck's Angelfish

145. **Quick Steert Wyfje** [d. *kwikstaart wijfje*] Female Wagtail

See comments, figure 144.

Genicanthus lamarck (Lacepède, 1802) Lamarck's Angelfish

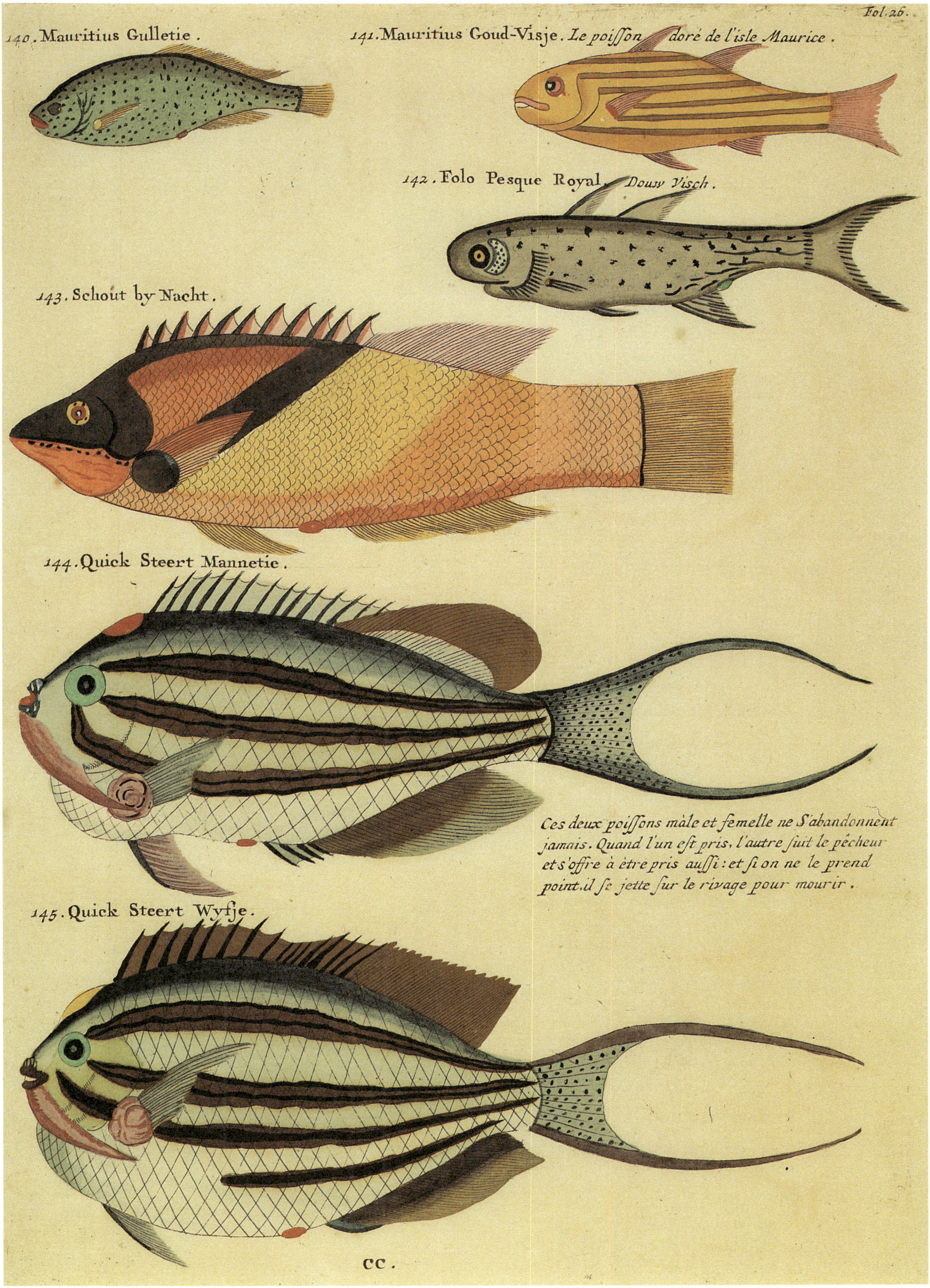
Fol. 26.
140. Mauritius Gulletie.
141. Mauritius Goud-Visje. Le poisson doré de l'isle Maurice.
142. Folo Pesque Royal. Douw Visch.
143. Schout by Nacht.
144. Quick Steert Mannetie.
Ces deux poissons mâle et femelle ne S'abandonnent jamais. Quand l'un est pris, l'autre suit le pêcheur et s'offre à être pris aussi: et si on ne le prend point, il se jette sur le rivage pour mourir.
145. Quick Steert Wyfje.
CC.

146. **Wackum** [m. *waccom*] Waccom
Caesio caerulaurea Lacepède, 1802 Blue-and-Gold Fusilier

147. **Stompneus** [d.] Snubnose
Sparidae gen. et sp. Seabream or Stumpnose

148. **Chouwer Lacki** [m. *laki*, d. *sjouwer*] Male Porter Fish
Sargocentron punctatissimum (Cuvier, 1829) Speckled Squirrelfish

149. **Rover** [d.] Robber
Saurida sp. Lizardfish

150. **Coninginne** [d. *koningin*] Queen
Chrysiptera sp. Demoiselle

151. **Pesque Pampus** Pampus Fish
Trachinotus blochii (Lacepède, 1801) Snubnose Pompano

146. Wackum.
147. Stompneus.
148. Chouwer Lacki.
149. Rover.
150. Coninginne.
151. Pesque Pampus.

152. **Ican Peti** [m. *ikan, péti*] Boxfish
?*Ostracion cubicus* (Linnaeus, 1758) Polka-dot Boxfish

153. **Luccesje Mera** [m. *lucesie, merah*] Red Lucesie
Cephalopholis miniata (Forsskål, 1775) Vermilion Grouper

154. **Sounock** [m. *soenoc*] Soenoc
Rhinecanthus aculeatus (Linnaeus, 1758) Humuhumu or White-barred Triggerfish

155. **Phaisant** Pheasant
Thalassoma hardwicke (Bennett, 1830) Hardwicke's Wrasse

152. Iean Peti.

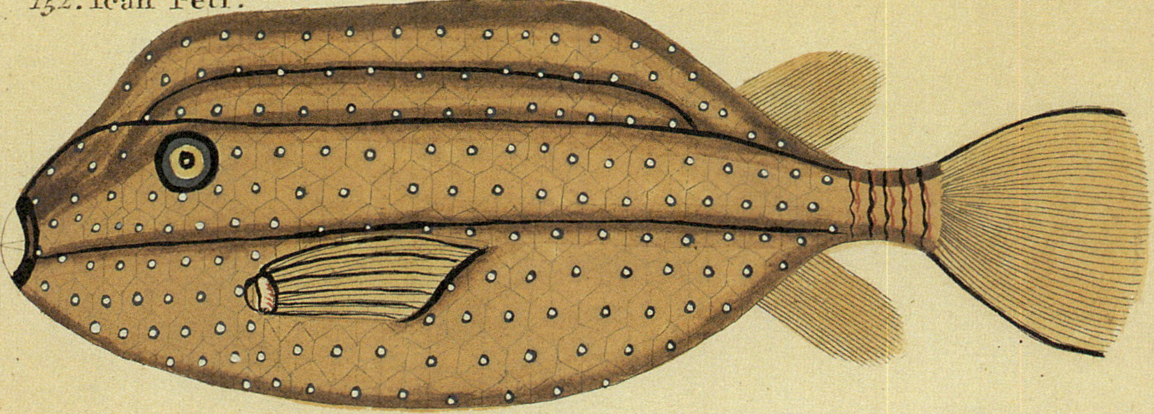

153. Luccesje Mera.

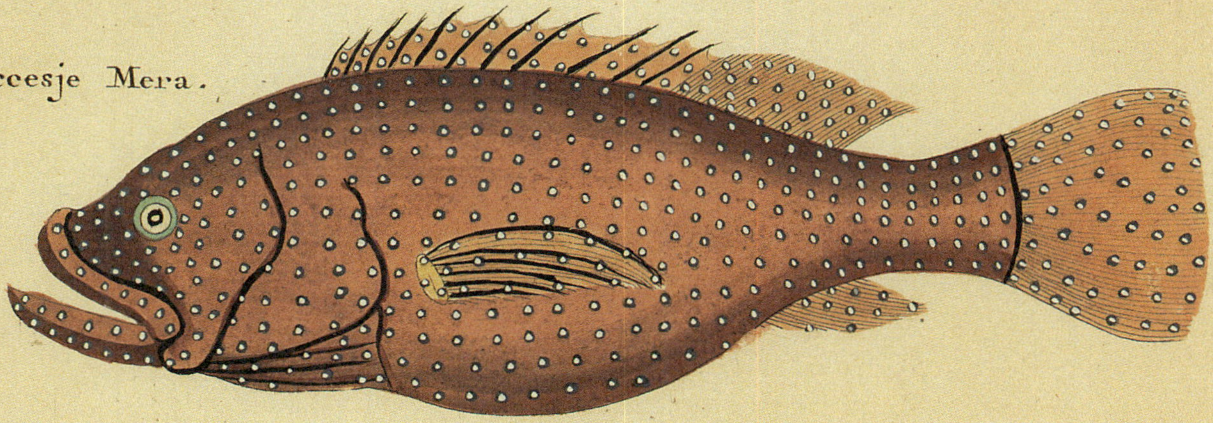

154. Sounock.

155. Phaisant.

156. **Schouwerdick** [d. *dijkschouwer*] Dike Inspector
Sargocentron sp. Squirrelfish

157. **Luccesje Coning** [m. *lucesie, kuning*] Yellow Lucesie
Epinephalus caeruleopunctatus (Bloch, 1790) White-spotted Grouper

158. **Luccesje plabou** [m. *lucesie, plabou*] Gray Lucesie
Epinephalus microdon (Bleeker, 1856) Camouflage Grouper

159. **Prique** Prique
Lutjanus decussatus (Cuvier, 1828) Checkered Snapper

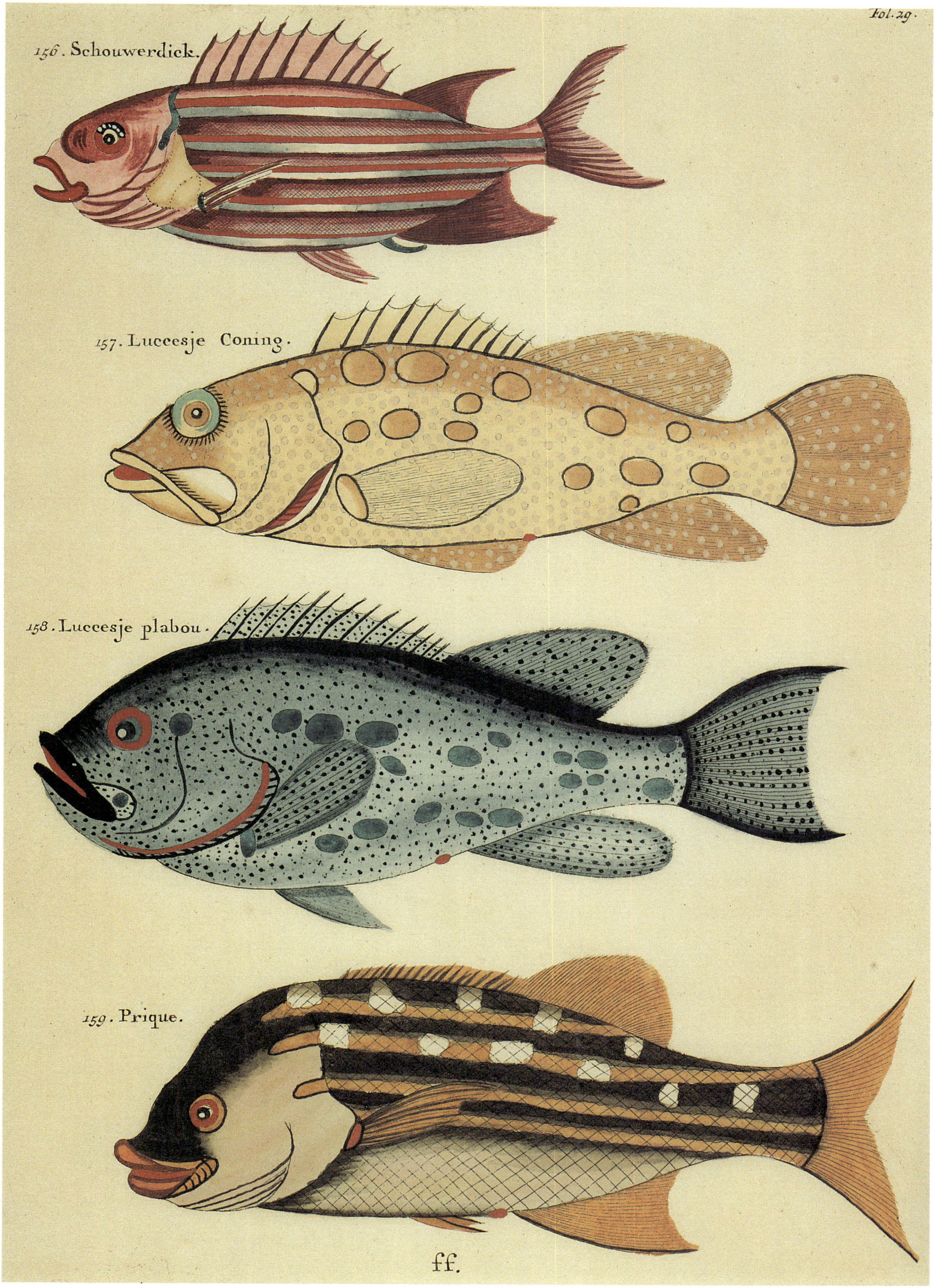
Fol. 29.
156. Schouwerdick.
157. Luccesje Coning.
158. Luccesje plabou.
159. Prique.
ff.

160. **Mentsiouri Ompar**
Stethojulis bandanensis (Bleeker, 1851)

Mentsiouri Ompar
Banda Wrasse

161. **Goujon de Mer, de l'isle Maurice** [f.]
?*Sargocentron* sp.

Mauritius Sea Gudgeon
Squirrelfish

162. **Luccesje** [m. *lucesie*]
Cephalopholis argus (Schneider, 1801)

Lucesie
Peacock Grouper

163. **Terbang** [m. *térbang*]
Unidentifiable teleost

Flying Fish

164. **Joosje of Chineese Duivers** [d. *joost*]
Heniochus varius (Cuvier, 1829)

Little Devil or Chinese Devil
Horned Bannerfish

165. **Bourgonjese**
Dascyllus aruanus (Linnaeus, 1758)

Bourgonjese
Humbug Dascyllus

166. **Toctase Moor**
Aphareus rutilans (Cuvier, 1830)

Toctase Moor
Rusty Jobfish

160. Mentsiouri Ompar.

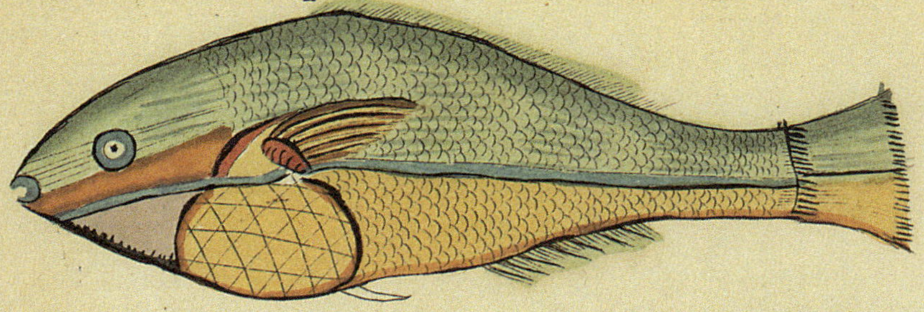

161. Goujon de Mer. *de l'isle Maurice.*

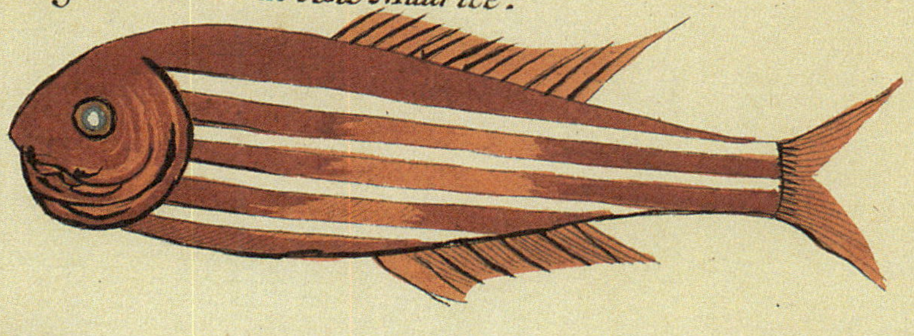

162. Luccesje.

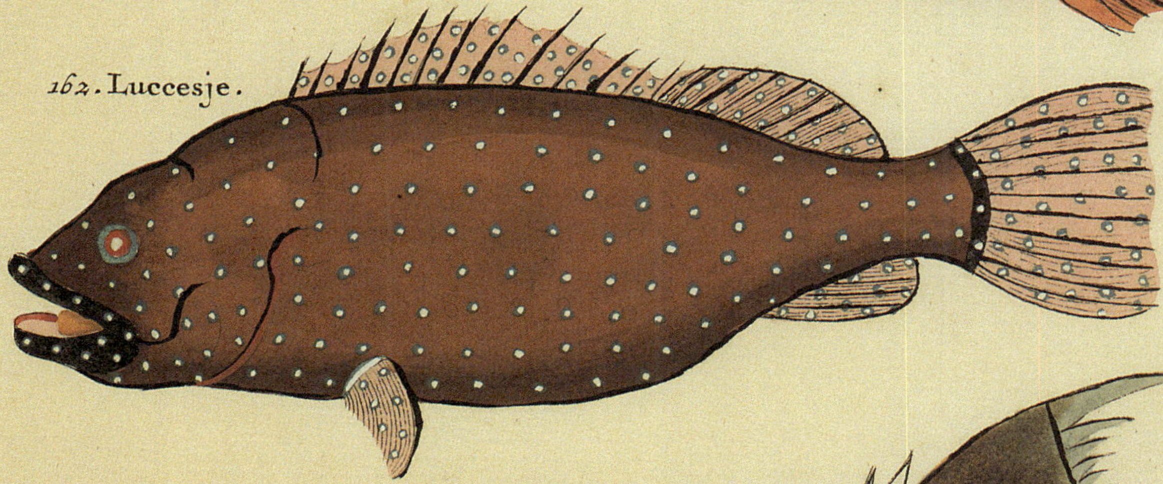

164. Joosje *of* Chineese Duivers.

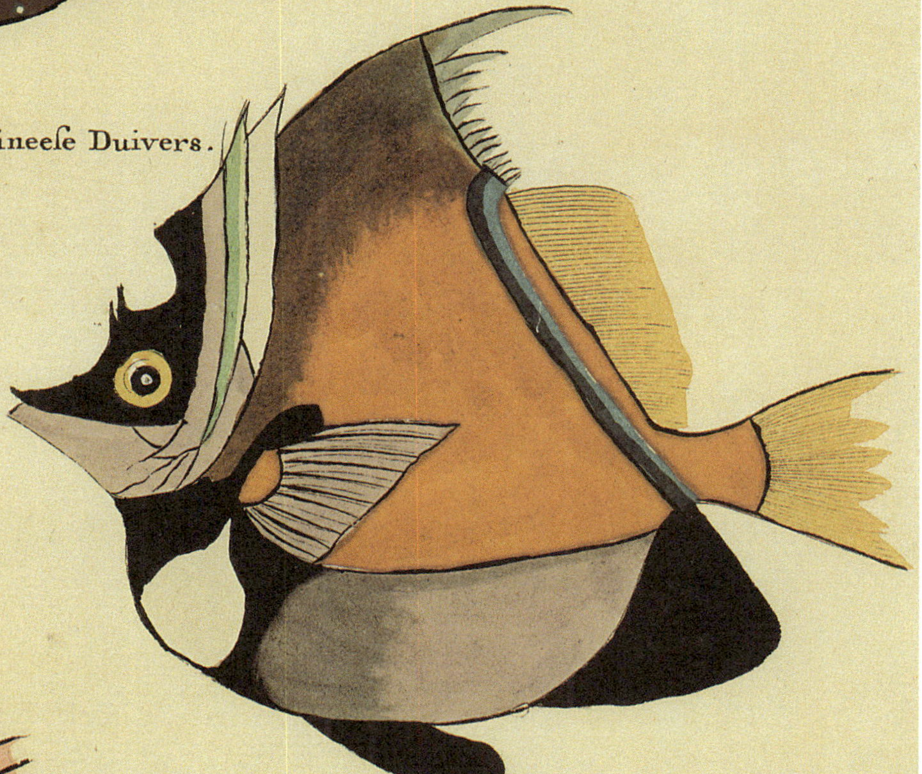

163. Terbang.

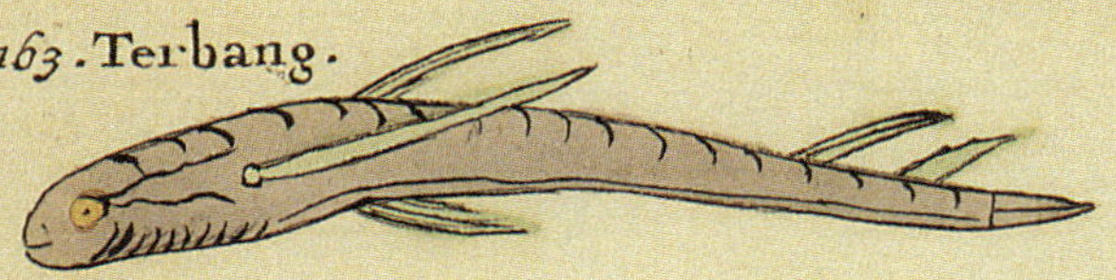

165. Bourgonjese.

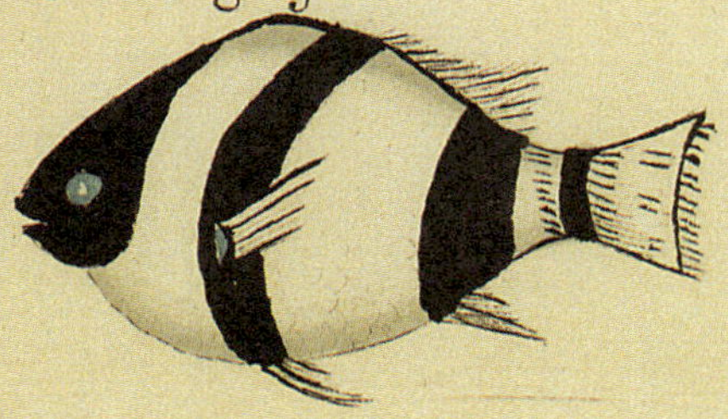

166. Toctase Moor.

167. **Plie de l'isle Maurice** [f.] Mauritius Flounder
Plectroglyphidodon lacrymatus (Quoy & Gaimard, 1824) Jewel Damselfish

168. **Vlagman Lenseigne** [d. *vlagman*, f. *l'enseigne*] Flag Bearer
Heniochus acuminatus (Linnaeus, 1758) Long-fin Bannerfish

169. **Duyvels-kop** [d. *duivel*, *kop*] Devil's Head
?*Scorpaenopsis* sp. Scorpionfish

170. **Ticus** [m. *tikus*] Rat
Oxymonacanthus longirostris (Bloch & Schneider, 1801) Long-snouted Filefish

171. **Gulletie** [d. *gulletje*, *gul*] Little Codfish
Unidentifiable teleost

172. **Camboto** Camboto
Lutjanus sp. Snapper

Fol. 31.
167. Plie de l'isle Maurice.
168. Vlagman Lenseigne.
169. Duyvels-kop.
170. Ticus.
171. Gulletie.
172. Camboto.
hh.

173. **Cakatoua Sousounam** [m. *kékétua*, *susuhunan*] — Susuhunan Cockatoo

Parrotfish.

Scarus sp. — Parrotfish

174. **Wackum Mare** [m. *waccom*] — Waccom Mare

Caesio sp. — Fusilier

175. **Moussour Annak** [m. *anak*] — Young Moussour

Epibulus insidiator (Pallas, 1770) — Sling-jaw Wrasse

173. Cakatoua Sousounam. *Poisson Peroquet*.

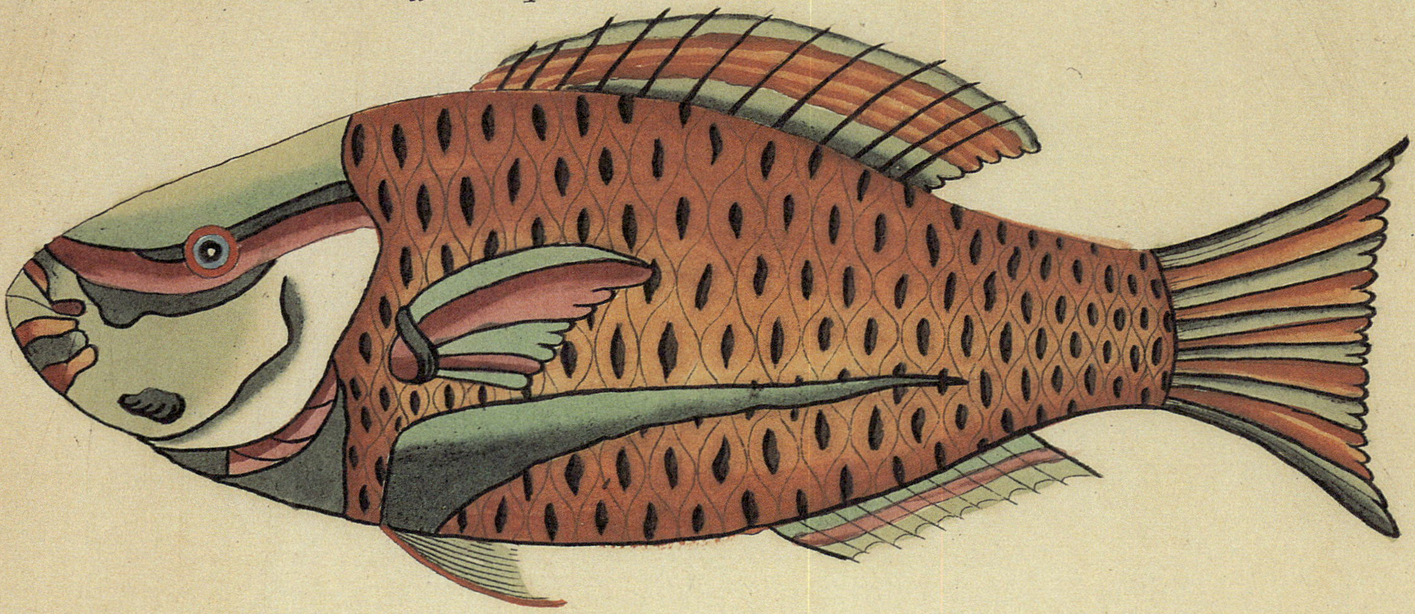

174. Wackum Mare.

175. Moussour Annak.

176. **Lootsmannetie** [d. *loodsmannetje*] Pilotfish
The pilot of the whales. This is the female.
Abudefduf sexfasciatus (Lacepède, 1801) Scissortail Sergeant

177. **Lootsman des Hayen** [d. *loodsmannetje, haaien*] Shark's Pilotfish
Pilot of the whales. The male.
Abudefduf sexfasciatus (Lacepède, 1801) Scissortail Sergeant

178. **Toutetou** [m. *toetetoe*] Toetetoe
Naso sp. Unicornfish

179. **Gallenay Pavan** Gallenay Pavan
Halichoeres sp. Wrasse

176. Lootsmannetie. *Le Pilotte des Balaines. Celuy-cy est la Femelle.*

177. Lootsman des Hayen. *Pilotte des Balaines. Le Masle.*

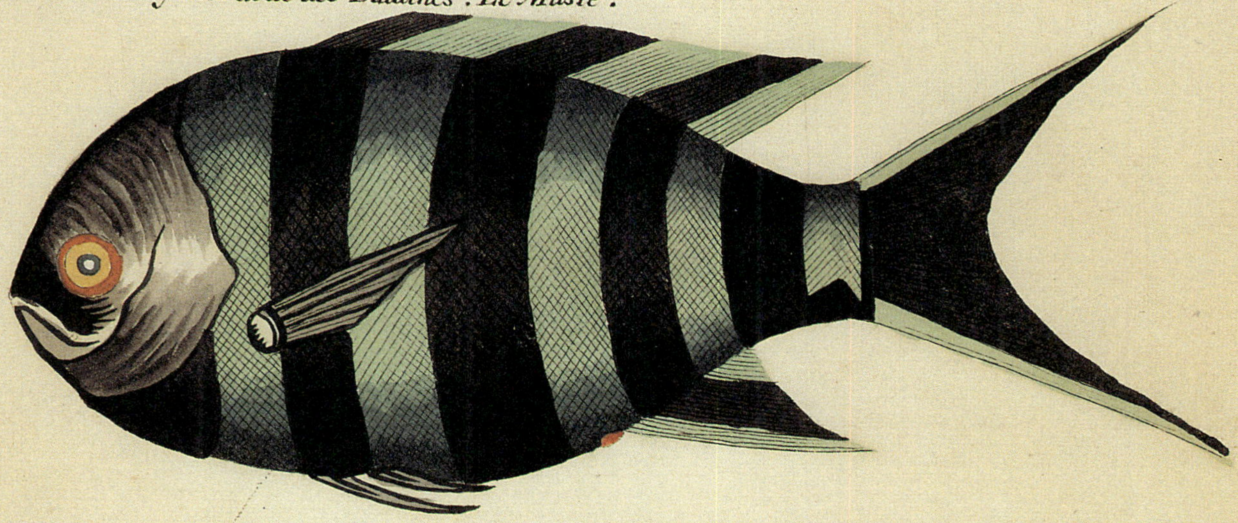

178. Toutetou.

179. Gallenay Pavan.

180. **Doujoung** [m. *duyong*] Dugong

Sea cow.

Dugong dugon (Muller, 1776) Dugong

181. **Fockenero** Fockenero

Cheilio inermis (Forsskål, 1775) Cigar Wrasse

182. **Layer** [m. *layar*] Sailboat

The sailboat. It can be seen a league away in the ocean. It raises and lowers the sail like a fan that fits into a cleft this fish has in the middle of its back. There are very large ones.

Istiophorus platypterus (Shaw & Nodder, 1792) Sailfish

183. **Capitano** [d. *kapitein*, f. *capitaine*] Captain

Plectorhinchus goldmanni (Bleeker, 1853) Goldmann's Sweetlips

184. **Bantam** Bantam

Chanos chanos (Forsskål, 1775) Milkfish

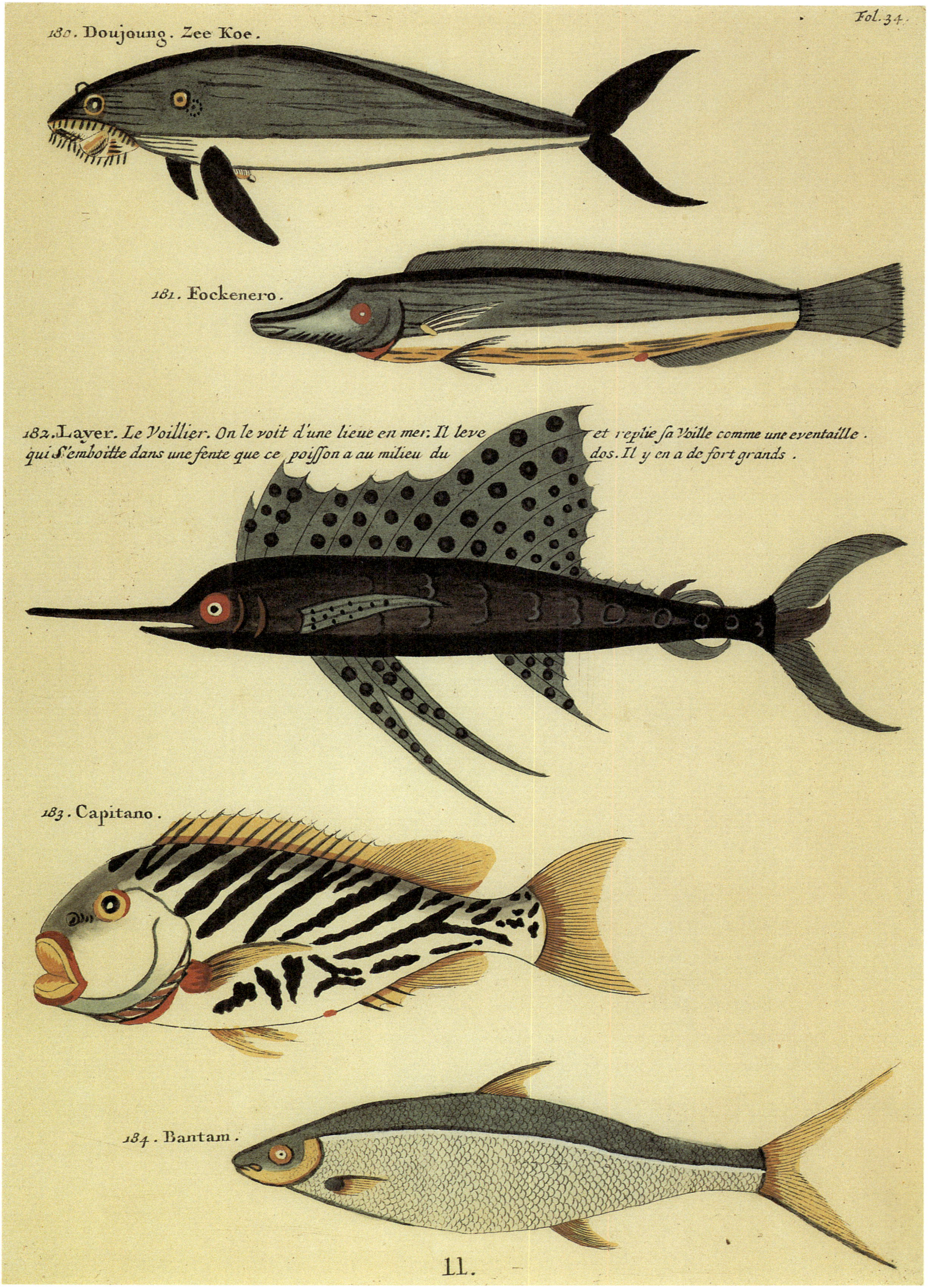
Fol. 34.
180. Doujoung. Zee Koe.
181. Fockenero.
182. Layer. Le Voillier. On le voit d'une lieue en mer. Il leve et replie sa Voille comme une eventaille.
qui s'emboitte dans une fente que ce poisson a au milieu du dos. Il y en a de fort grands.
183. Capitano.
184. Bantam.
11.

185. **May Coulat** [m. *kulat*] — Fungus May

Plectropomus laevis (Lacepède, 1802) — Black-saddled Grouper

186. **Vliegende Zee Uyl** [d.] — Flying Sea Owl

The owl of the sea.

Dactyloptena orientalis (Cuvier, 1829) — Oriental Flying Gurnard

187. **Half Beck** [d.] — Halfbeak

Hemiramphus sp. — Halfbeak

185. May Coulat.

186. Vliegende Zee Uyl.
Le Hibou de Mer.

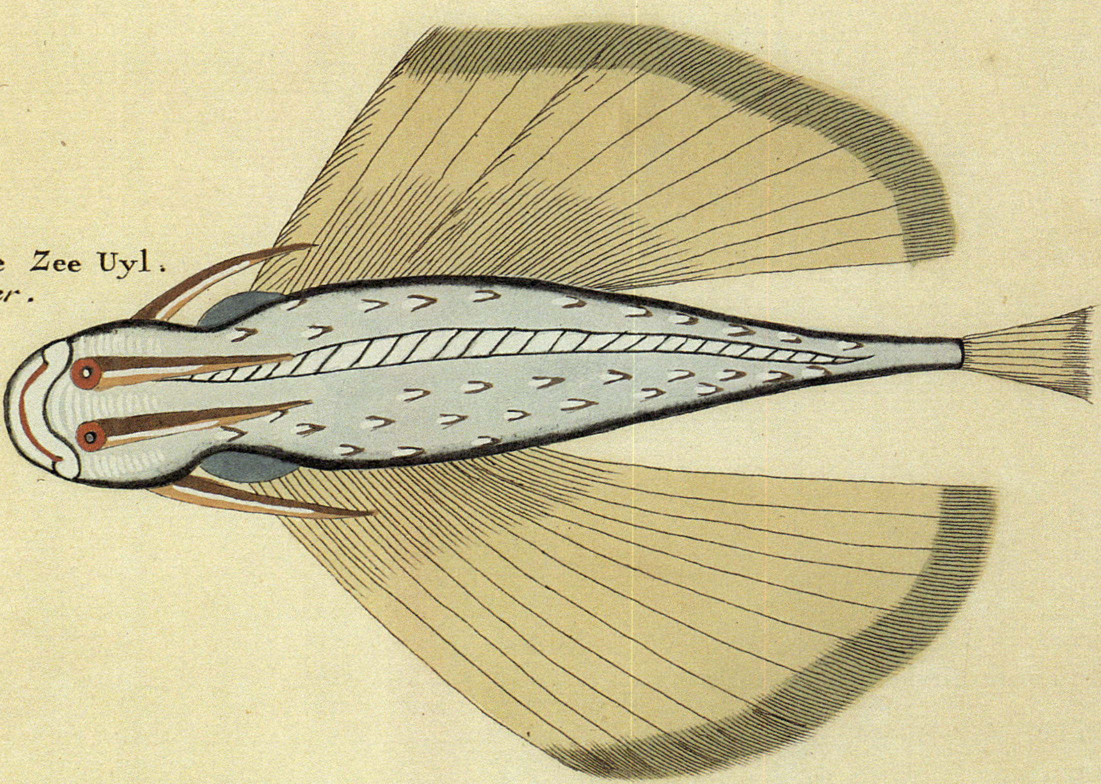

187. Half Beck.

188. **Toutetou Toua** [m. *toetetoe, tua*] Old Toetetoe

Unidentifiable teleost

189. **Dangiri-Mangelang** [m. *méngkélah*] Dangiri-Méngkélah

Thunnus sp. Tuna

190. **Crake Coulat** [m. *kulat*] Fungus Crab

It is a species that has a sort of overcoat of sponge that covers the shell, and on this sponge rare and very pretty shellfish collect.

Dromia dormia (Linnaeus, 1763) Sponge Crab

188. Toutetou Toua.

189. Dangiri-Mangelang.

190. Crake Coulat.
Il a une espece de Surtout d'Eponge qui couvre sa coque: et dans cette Eponge il se forme des Coquillages rares et tres-jolis.

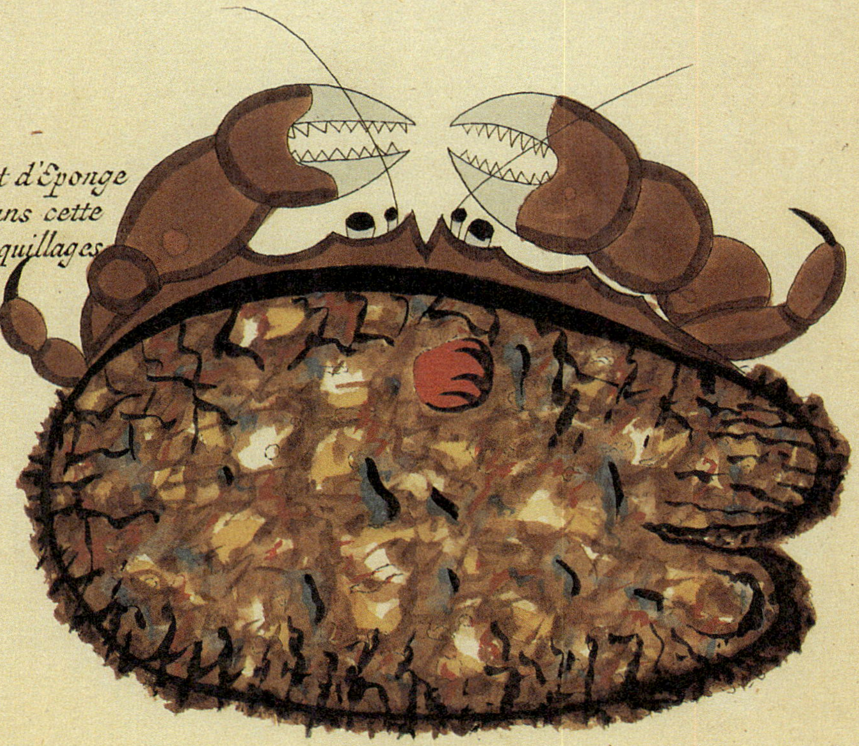

191. **Craka Coulat** [m. *kulat*] — Fungus Crab

Dromia dormia (Linnaeus, 1763) — Sponge Crab

192. **Crake Radja** [m. *radjah*] — King Crab

Ranina ranina (Linnaeus, 1758) — Red Frog Crab

191. Craka Coulat.

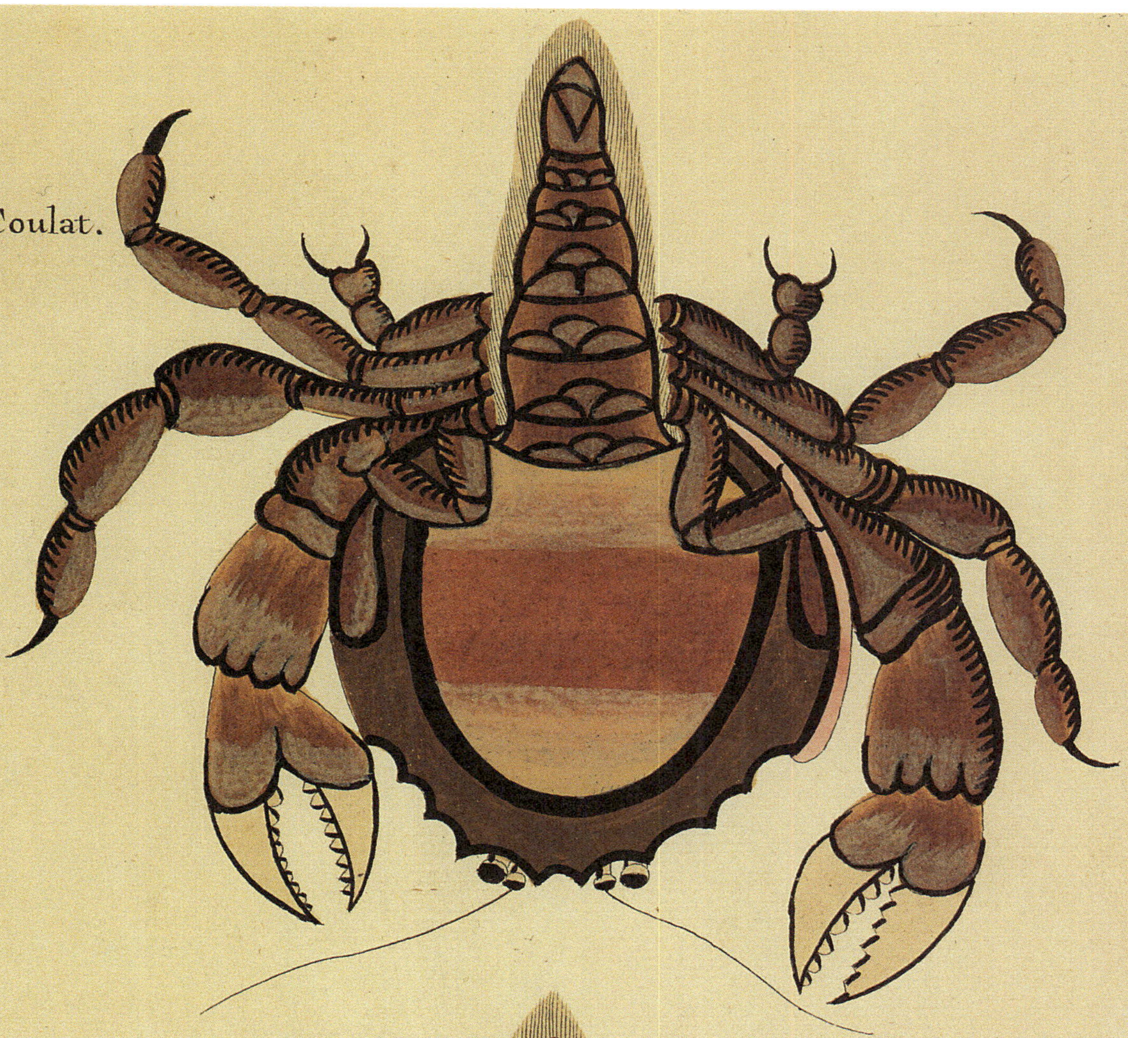

192. Crake Radja.

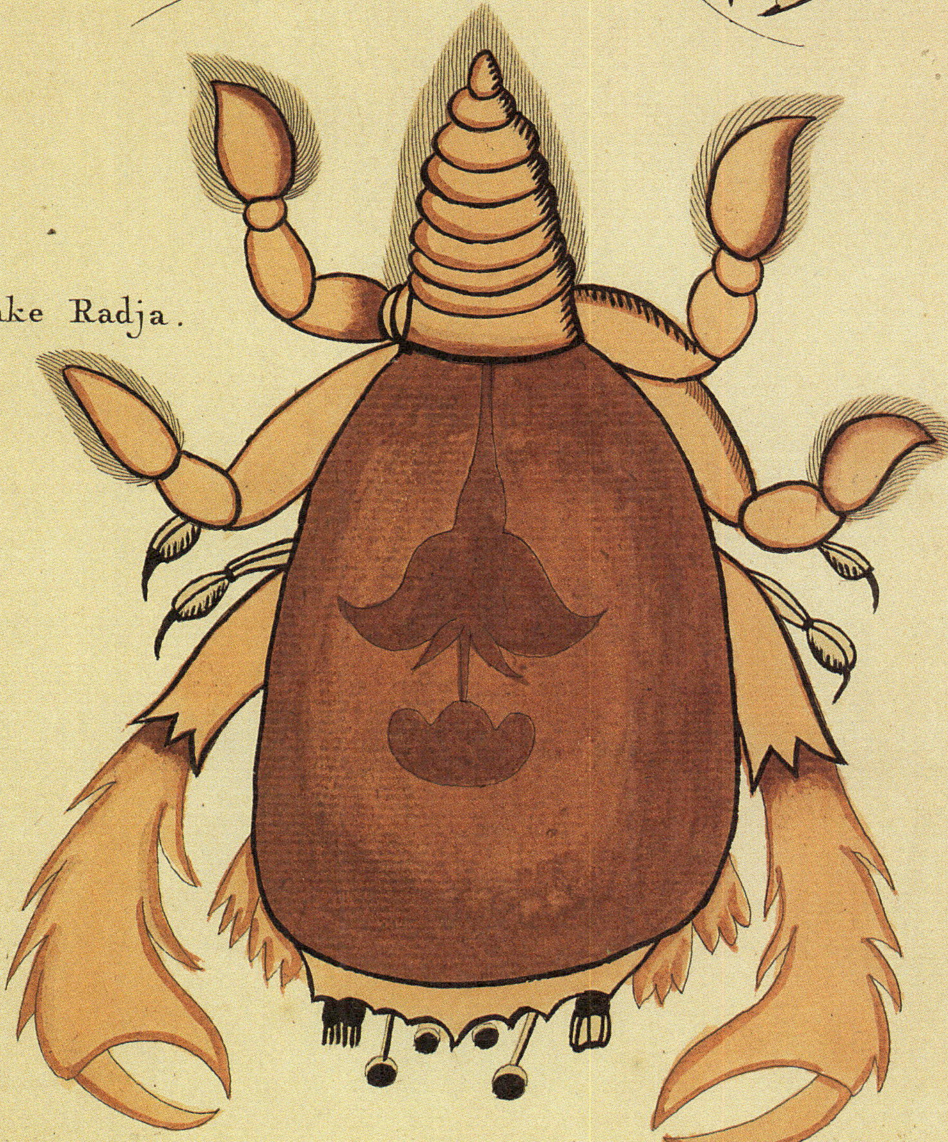

193. **Touring Reeuw Mamel** [m. *toering, mamel*] — Male Toering Reeuw

Pseudobalistes flavimarginatus (Rüppell, 1829) — Yellow-margin Triggerfish

194. **Touring Reeuw Femel** [m. *toering, femel*] — Female Toering Reeuw

Balistoides viridescens (Bloch & Schneider, 1801) — Titan or Blue-finned Triggerfish

195. **Ijouw Lasetek** [m. *hijau, lafitik*] — Green Stomatopod

Gonodactylus sp. — Mantis Shrimp

196. **Munnik** [d. *monnik*] — Monk

Scolopsis bilineatus (Bloch, 1793) — Two-lined Monocle Bream

Fol. 38.
193. Touring Reeuw Mamel.
194. Touring Reeuw Femel.
195. Ijouw Lasetek.
196. Munnik.
PP.

197. **Peti-Cornute** [m. *péti*, f. *cornute*] — Horned Box Fish
Lactoria cornuta (Linnaeus, 1758) — Longhorn Cowfish

Unnumbered. **Carcasse** [m. *kascasse*] — Kascasse
Canthigaster valentini (Bleeker, 1853) — Black-saddled Sharpnose Pufferfish

198. **Douwing-Ducq** [m. *doewing*] — Duke Doewing
Chaetodon auriga Forsskål, 1775 — Threadfin Butterflyfish

199. **Ican Swangi Touwa** [m. *ikan*, *suangi*, *tua*] — Old Witchfish
Synanceia horrida (Linnaeus, 1766) — Horrible Stonefish

200. **Casucasu** [m. *Kascasse*] — Kascasse
Canthigaster solandri (Richardson, 1844) — Solander's Sharpnose Pufferfish

Fol:39.
197. Peti-Cornute.
Carcasse.
198. Douwing-Ducq.
199. Ican Swangi Touwa.
200. Casucasu.
99.

201. **Bazuin** [d.] Trumpet
Siganus vulpinus (Schlegel & Müller, 1844) Foxface

202. **Allualu Brochet** [m. *alu-alu*, f. *brochet*] Barracuda Pike
Sphyraena sp. Barracuda

203. **Lalouwer-Taëri** [m. *lalawer*] Lalawer-Taëri
Thalassoma janseni (Bleeker, 1856) Jansen's Wrasse

204. **Bongen** [m. *boagen*] Boagen
Apogonidae gen. et sp. Cardinalfish

201. Bazuin.

202. Allualu Brochet.

203. Lalouwer – Taëri.

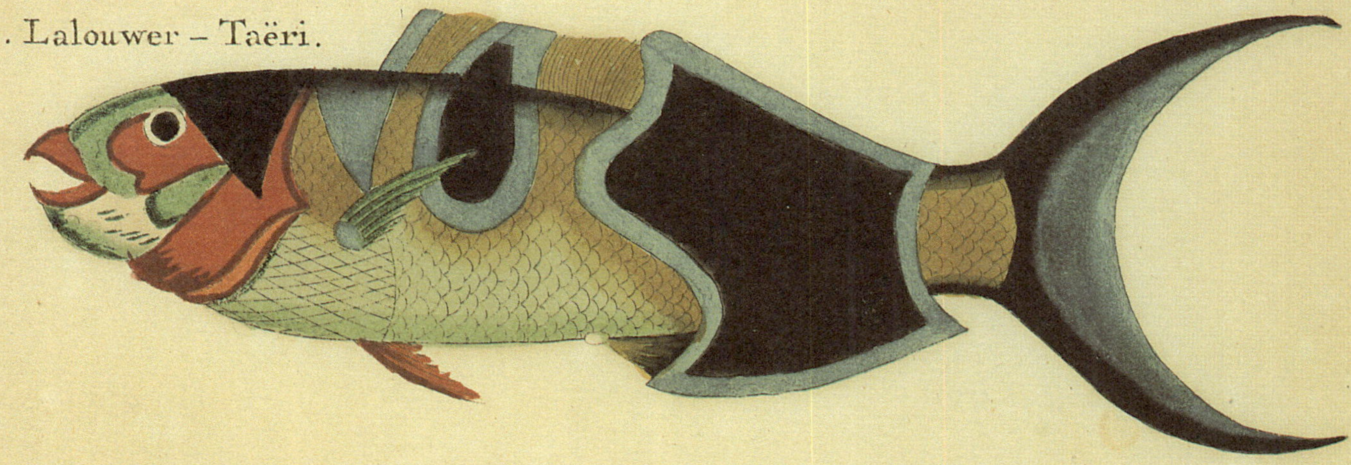

204. Bongen.

205. **Vliegende Zee-Uyl** [d.] — Flying Sea Owl

Owl of the sea.

Dactyloptena orientalis (Cuvier, 1829) — Oriental Flying Gurnard

206. **Sosor** [m. *sosor*] — Sosor

Pristipomoides zonatus (Valenciennes, 1830) — Oblique-banded Snapper

207. **Sousalath** [m. *soesalat*] — Soesalat

Variola louti (Forsskål, 1775) — Moontail Grouper

205. Vliegende Zee-Uyl.
Hibou-Marin.

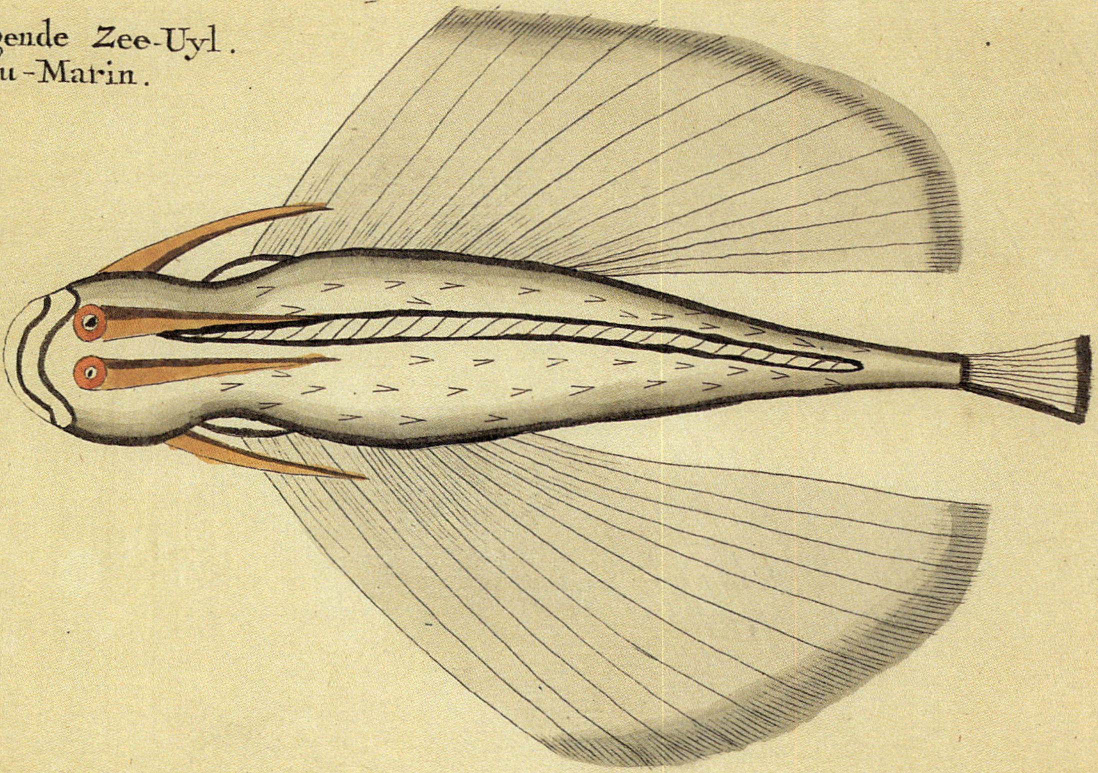

206. Sosor.

207. Sousalath.

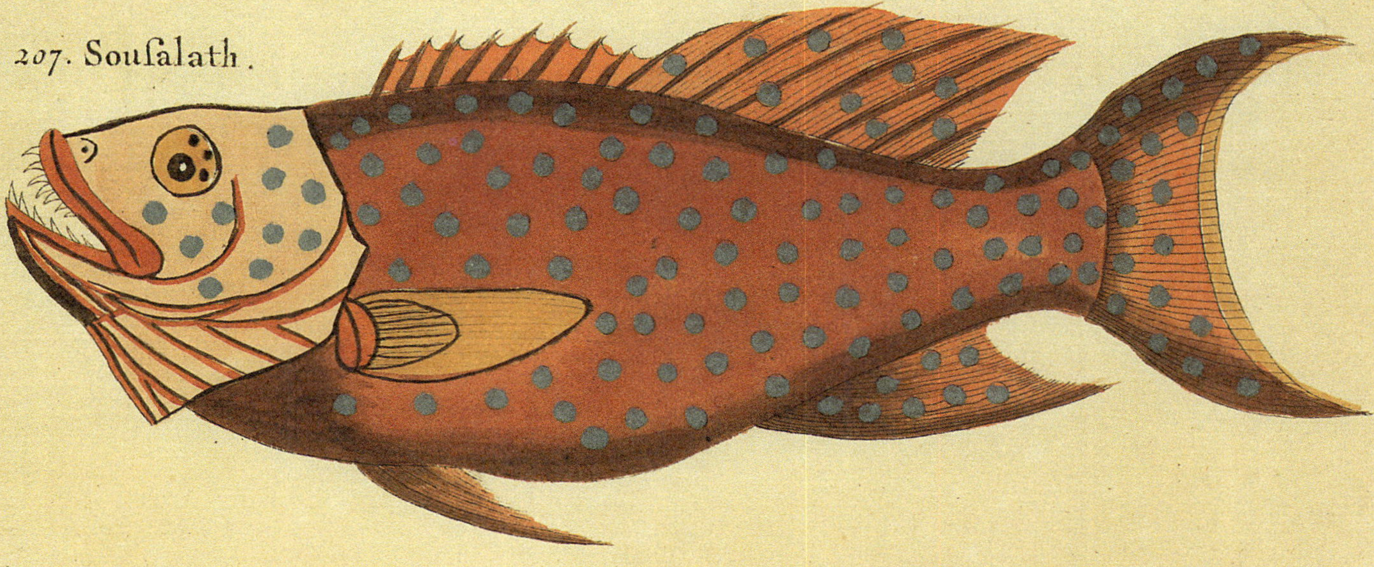

208. **Lokje-Lokje** [m. *lokkie-lokkie*] Stomatopod

Lysiosquilla maculata (Fabricius, 1793) Banded Mantis Shrimp

209. **Passer** Passer

The thief. N.B.: This fish is depicted in two ways: the first as it searches for prey, the second as it launches a long snout in the shape of a net that the fish possesses in its throat. It easily can elongate or retract its snout to capture prey.

Epibulus insidiator (Pallas, 1770) Sling-jaw Wrasse

210. **Passer** Passer

The thief [see comments, fig. 209].

Epibulus insidiator (Pallas, 1770) Sling-jaw Wrasse

208. Lokje-Lokje.

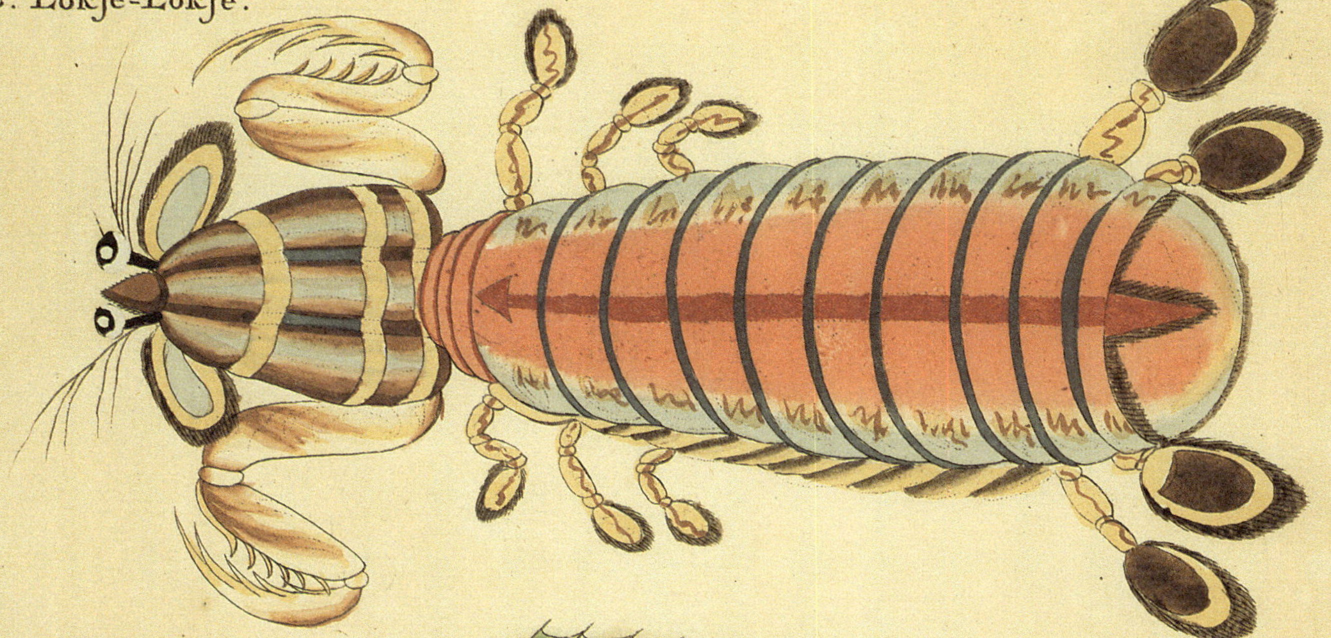

209. Passer. Le Filou.

NB. Ce Poiſſon est representé en deux manieres. La premiere lors qu'il cherche sa proye. La ſeconde lors qu'il élance un long groin en forme de filet qu'il a dans le gosier. et qu'il allonge ou qu'il retire avec grande facilité pour faire capture.

210. Passer. Le Filou.

211. **Siade**
?*Thalassoma lunare* (Linnaeus, 1758)

Siade
Moon Wrasse

212. **Sambia** [m. *sambia*]
Antennariidae gen. et sp.

Sambia
Frogfish

213. **Spits-neus** [d.]
Coris gaimard (Quoy & Gaimard, 1824)

Pointed-nose
Yellowtail Coris

214. **Pesque Corbeille** [f.]
Halichoeres hortulanus (Lacepède, 1801)

Basketfish
Checkerboard Wrasse

215. **Louw** [d. *leeuw*]
Pterois antennata (Bloch, 1787), juvenile

Lion
Spotfin Lionfish

216. **Pesque Byenanque** [m. *biji nangka*]
Mulloides flavolineatus (Lacepède, 1802)

Jackfruit-seed Fish
Yellowstripe Goatfish

217. **Poupou Royal** [m. *puput*]
Balistapus undulatus (Mungo Park, 1797)

Royal Blower
Undulate Triggerfish

218. **Pesque Douwing** [m. *doewing*]
Chaetodon baronessa Cuvier, 1831

Doewing Fish
Triangular Butterflyfish

Fol: 43.
211. Siade.
212. Sambia.
213. Spits-neus.
214. Pesque Corbeille.
215. Louw.
216. Pesque Byenanque.
217. Poupou Royal.
218. Pesque Douwing.
uu.

HISTOIRE NATURELLE

DES PLUS RARES

CURIOSITEZ

DE LA MER

DES INDES.

TOME II.

1. **Groote Tafel-visch** [d.] Great Table Fish

This fish was drawn on the island of Hila near Ambon. It is an excellent fish that weighs about twenty to twenty-five pounds. It tastes like turbot. The curious people of Holland, such as Messrs. Witsen, Scott, Rhuys, Scheynvoet, Vincent, etcetera, have had several species of this kind of fish shipped from the Indies and display them in their cabinets. But these are mainly small individuals, some dried, others preserved in spirits of wine. However, their more beautiful colors are lost; they fade, like the colors of flowers, when the fish is removed from the water.

Heniochus acuminatus (Linnaeus, 1758) Long-fin Bannerfish

2. **Spits-Neus** [d.] Pointed Nose

A good fish of Hila and Ambon. I drew this individual out of preference to an infinity of others, the colors of which were not as beautiful.

?*Antigonia* sp. Boarfish

3. **Ican Suangi** [m. *ikan, suangi*] Witchfish

Many of these are fished in the Strait of Baguewall, and they are all so beautiful and diversified in their shapes and colors that it seems incredible. I drew several successively as they were shown to me. To represent their great variety, more than a thousand should have been painted. This fish cannot live for a minute out of water. It has poisonous spines, and occasionally some are caught that, in place of their fins, have large tufts of filaments of many colors attached to their bodies like powder puffs. The collectors have several kinds of these fishes in their cabinets.

Scorpaenidae gen. et sp. Scorpionfish

De Groote Tafel-visch *Poisson dessiné à l'Isle de Hila proche d'Amboine. Il est très-excellent et pesoit environ 20 à 25. Livres Il a le goût du Turbot. Les Curieux de Hollande comme Messieurs Witsen, Scott, Rhuys, Scheynvoet, Vincent &c: ont fait venir des Indes et conservent dans leurs Cabinets plusieurs especes de cette sorte de Poisson, mais petits, les uns sechez et d'autres dans des bouteilles d'esprit de vin: mais leurs plus belles couleurs se sont perduës. Elles se fannent comme les fleurs quand le poisson est hors de l'eau.*

N.° 1

De Spits-Neus. *Bon poisson de Hila et d'Amboine; j'ay dessiné celui-cy par preference à une infinité d'autres, dont les couleurs étoient moins belles.*

2

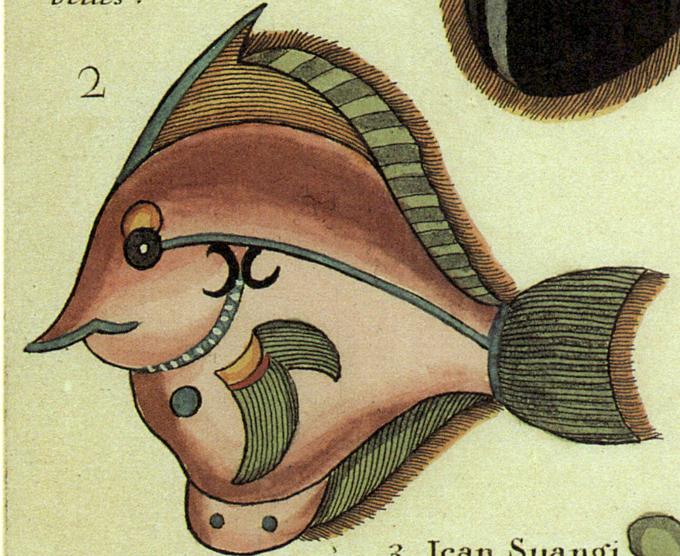

3

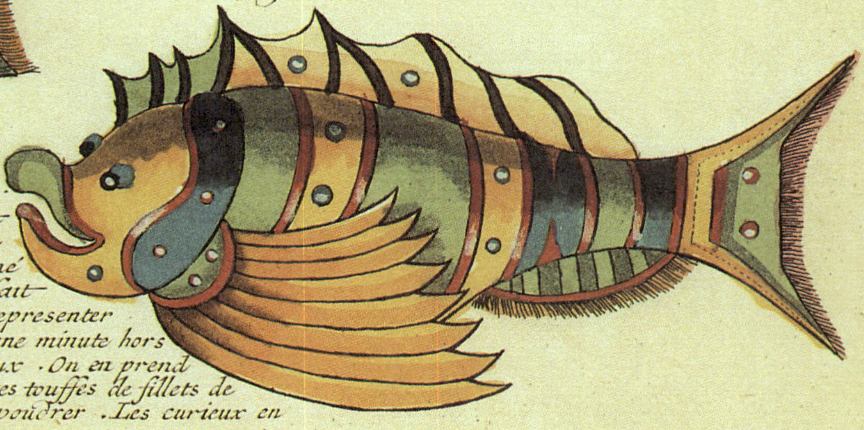

3. Ican Suangi.

On en pêche beaucoup au Detroit de Baguewall, et ils sont tous si beaux et si variez dans leur forme et couleurs que cela est incroyable. J'en ai dessiné plusieurs successivement à mesure qu'on me les a fait voir et il auroit fallu en peindre plus de mille pour representer leur prodigieuse varieté. Ce poisson ne peut vivre une minute hors de l'eau. Il a les arretes et les piquants venimeux. On en prend quelquefois qui, au lieu de Nageoires, ont de grosses touffes de fillets de diverses couleurs à peu près comme les houpes à poudrer. Les curieux en ont de plusieurs sortes dans leurs Cabinets.

4. **Toctasse Moor** Toctasse Moor

A species of small salmon from the Strait of Baguewall, very good in a garlic sauce when it is fresh, and roasted in slices on the grill when smoked. It is fished in April or May, almost never earlier or later.

Unidentifiable teleost

5. **Klip Vischje** [d.] Little Rockfish

There are more than five hundred different kinds. They are called fishes of the rocks because they swim in large schools sucking the moss that is attached to the rocks. The prodigious diversity of these little fishes, all of a matchless beauty with colors as bright as the feathers of a parrot and the wings of a butterfly, is a great wonder. There is no family in Ambon that does not keep these fishes for pleasure in bottles or in porcelain vases. A way has been found to make these fishes kept in the ponds of the governor of Ambon so tame that they come to eat from one's hand. One only has to whistle and they congregate in large numbers with great noise, and with such haste that they can amuse the most melancholy person.

Coris gaimard (Quoy & Gaimard, 1824) Yellowtail Coris

6. **Ican Banda** [m. *ikan*] Banda Fish

They are salted for provisions somewhat like the codfish from Newfoundland, and also dried in large numbers to form "stockfish." There are several kinds that resemble each other in shape, but their colors differ from white to black. They are usually greenish, patched with squares of different colors.

Xyrichtys pentadactylus (Linnaeus, 1758) Five-fingered Wrasse

7. **Klip Vischje** [d.] Little Rockfish

See comments, figure 5.

Balistapus undulatus (Mungo Park, 1797) Undulate Triggerfish

8. **Perche de la Rique** [f.] Perch of the Rique

?Serranidae gen. et sp. Grouper

Toctasse Moor. *Espece de Salmonet du Detroit de Baguewall très-bon à la sauce a l'oseille lors qu'il eſt frais ; et rôti par tranches sur le gril lors qu'il est fumé. On le pêche au mois d'Avril ou de May et pres-que jamais ni plus tôt ni plus tard.*

4

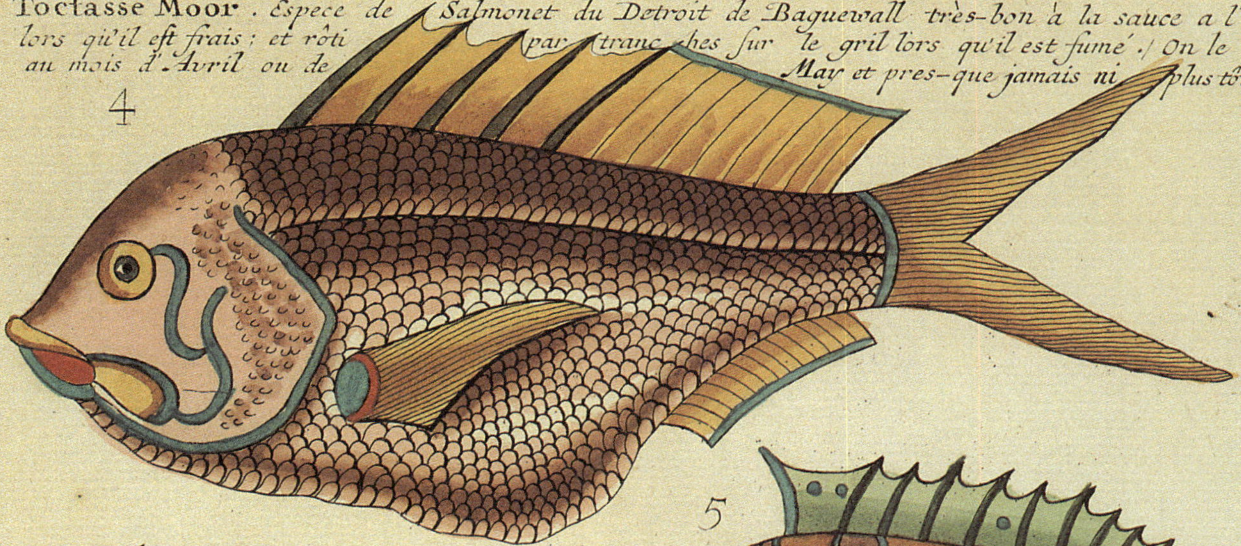

5

Ican Banda. *On les salle pour la provision à peu près comme la Moruë de Terre neuve. On en fait aussi secher beaucoup en guise de Stock-visch. Il y en a de plusieurs ſortes qui se ressemblent pour la forme, mais dont les couleurs different du blanc au noir. Ils sont ordinairement verdâtres marquettez à carreaux et tachettez differemment.*

6

N.° 5. et 7. **Klip Vischjes**. *Il y en a plus de 500. sortes differentes. On les nomme poissons des Roches, parce qu'on les y voit nager par milliers pour sucer la mousse qui s'y attache. C'est une grande merveille que la diverſité prodigieuse de ces petits poissons tous d'une beauté inimitable et dont les couleurs sont auſſi vives que les plumes des perroquets et que les ailes des plus charmants papillons. Il n'y a point de famille à Amboine qui ne garde de ces petits poiſsons par plaisir dans des Bouteilles ou dans des vases de porcelaine. On a trouvé moïen de rendre ceux des reservoirs du Gouverneur d'Amboine si privez qu'ils viennent manger comme hors la main. Il n'y a qu'à sifler et ils accourrent par troupes avec un tumulte et un empresſement qui divertiroit les personnes les plus melancoliques. Voyez la Remarque N.° 66.*

7

8

Perche de la Rique.

9. **Parequiet de Baguewall** [f. *perroquet*] Baguala Parrot

Its flesh is extremely white, firm, and of an exquisite taste. Many different species are caught with many different streaks of colors and areas of a perfect beauty.

Coris gaimard (Quoy & Gaimard, 1824) Yellowtail Coris

10. **Moron Boussouck** [m. *moron*, d. *boesoek*] Rotten Moron

There are many of these fish in Hila. The blacks salt and smoke them in holes for their food supply. They call it *toutetoutoua*.

?*Siganus* sp. Rabbitfish

11. **Hartje** [d. *hart*] Little Heart

The heart of Louven: there were three of these fish in the pond when I drew this one.

?*Naso* sp. Unicornfish

12. **Perch de Kaymans-hoek** [d.] Kayman's Hook Perch

The Perch of Kayman's Hook is bright as gold and very entertaining in clear water.

?Serranidae gen. et sp. Grouper

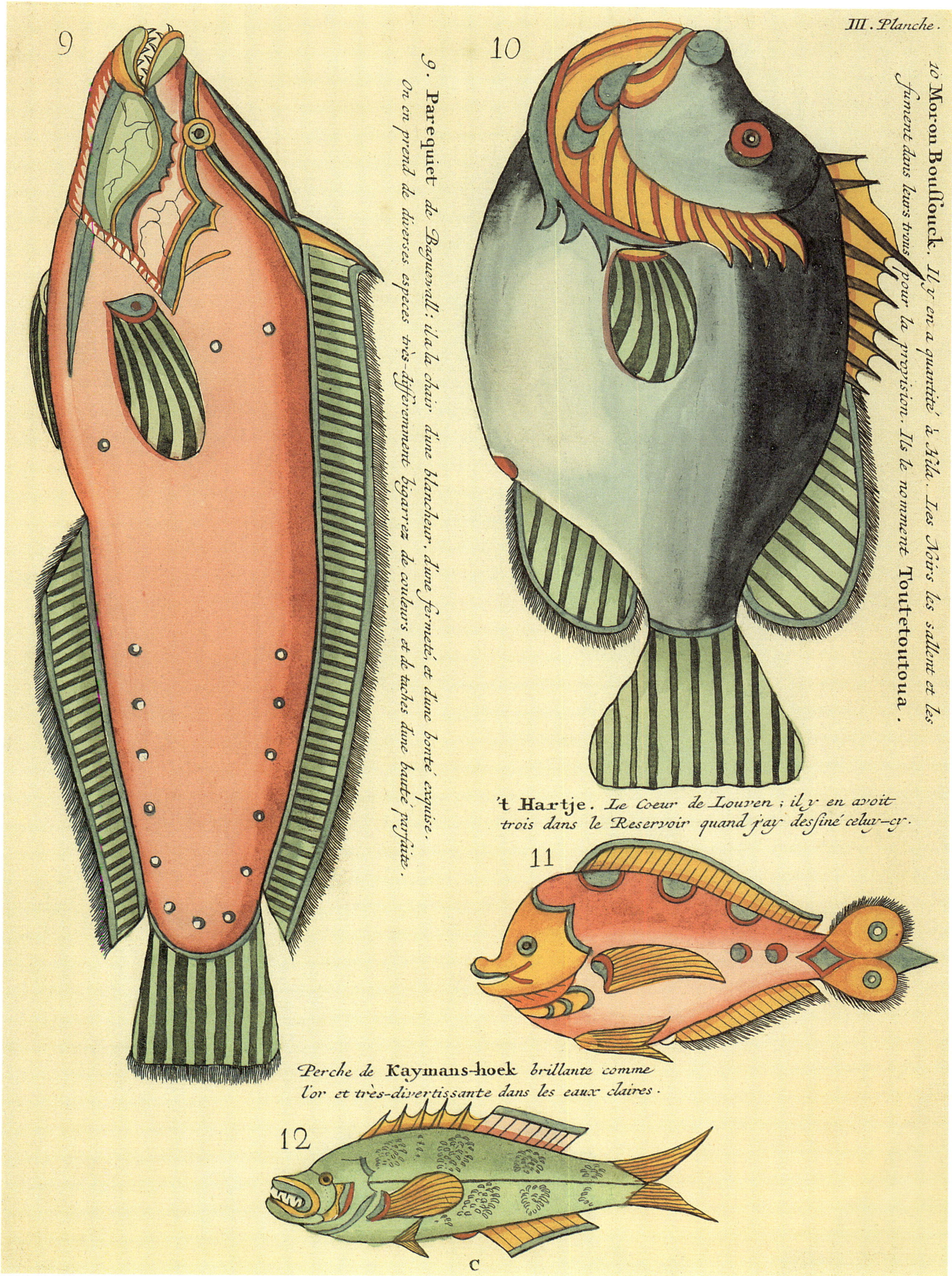
III. Planche.
9
10
9. Parequiet de Baguevall; il a la chair d'une blancheur, d'une fermeté, et d'une bonté exquise.
On en prend de diverses especes très-differemment bigarrez de couleurs et de taches d'une beauté parfaite.
10 Moron Boussouck. Il y en a quantité à Hila. Les Noirs les sallent et les
fument dans leurs trous pour la provision. Ils le nomment Toutetoutoua.
't Hartje. Le Coeur de Louven; il y en avoit
trois dans le Reservoir quand j'ay dessiné celuy-cy.
11
Perche de Kaymans-hoek brillante comme
l'or et très-divertissante dans les eaux claires.
12
C

13. **Bedrieger, Trompeur** [d., f.] The Deceiver

This fish is very entertaining in clear water. It is voracious, and sits at the bottom like a dull fellow, but luring its prey. It has a long snout hidden in the mouth, which it throws out with great agility to capture any prey that comes too close. In figure 81 this fish is represented with its snout elongated, ready to capture its prey.

Epibulus insidiator (Pallas, 1770) Sling-jaw Wrasse

14. **Lang-neus, Long-nez** [d., f.] Longnose

The longnose of Portuguese Bay. This fish is soft, with not much flesh. There are various species.

Naso sp. Unicornfish

15. **Possje** [d. *posje*, *pos*] Little Pos

Not very common and excellent at the Rique.

Amphiprion sp. Anemonefish

16. **Klip-visch de Loeven** [d.] Loeven Rockfish

Explained in figure 5. The collectors of Holland have several of this species. We can recognize them from their shape, but the colors are considerably faded and there is nothing we can do to conserve them during such a long voyage after the death of the fish.

Balistidae gen. et sp. Triggerfish

17. **Douwing-Admiral** [m. *doewing*, d. *admiraal*] Admiral Doewing

The wonderful diversity and coloring that this species of fish possesses are prodigious. More than thirty different kinds are caught at Ambon. They are distinguished by the names royal, imperial, duke, duchess, marquis, count, baron, and other titles of nobility. Its flesh is like veal. It can be prepared with all sorts of sauces, particularly as a hash of chicken.

Pomacanthus navarchus (Cuvier, 1831) Blue-girdled Angelfish

18. **Goujon** [f.] Gudgeon

The striated [fish] of Ambon, pretty good, but very small.

Anyperodon leucogrammicus (Valenciennes, 1828) Slender Grouper

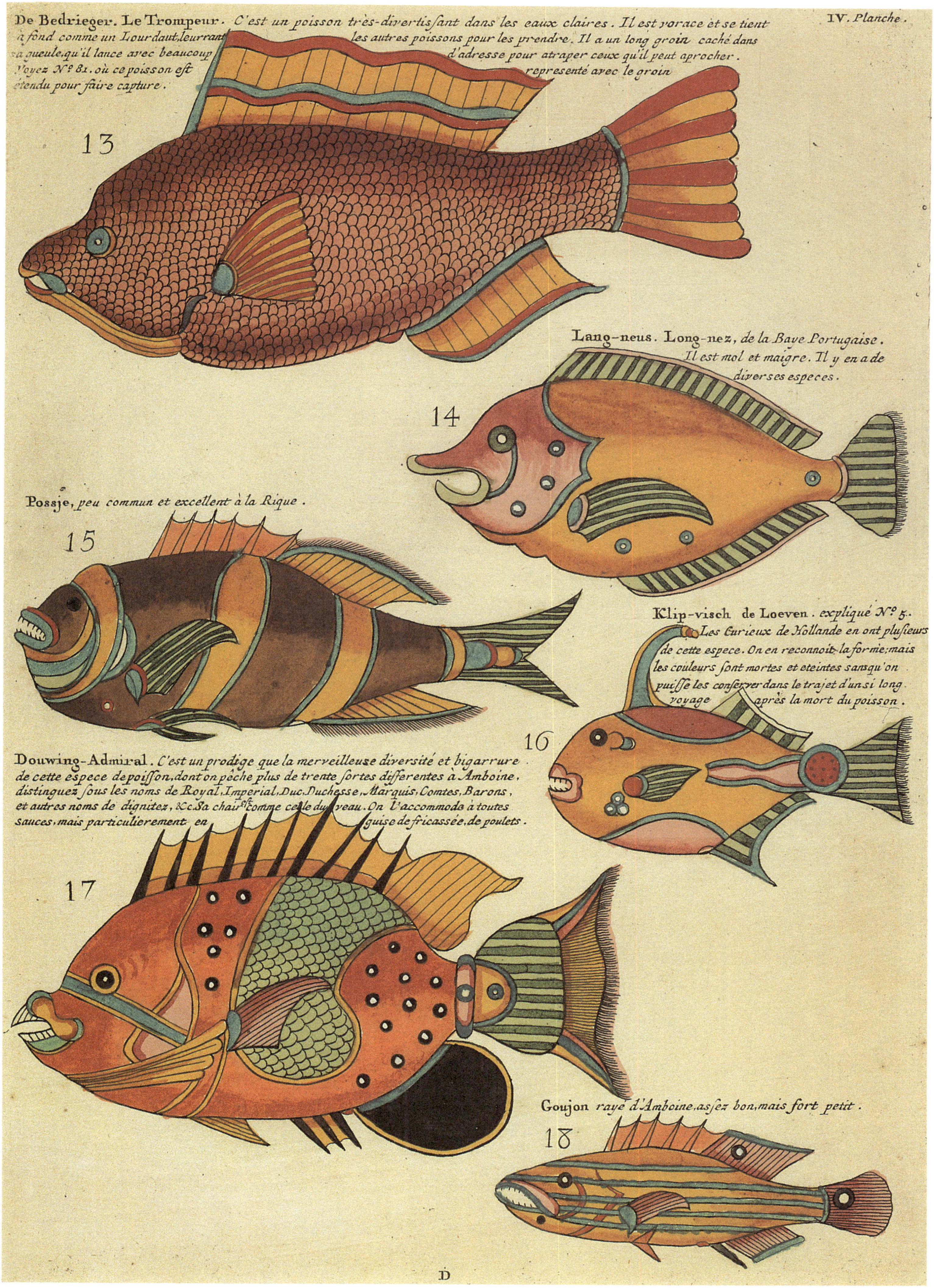

De Bedrieger. Le Trompeur. C'est un poisson très-divertissant dans les eaux claires. Il est vorace et se tient à fond comme un Lourdaut, leurrant les autres poissons pour les prendre. Il a un long groin caché dans sa gueule, qu'il lance avec beaucoup d'adresse pour atraper ceux qu'il peut aprocher. Voyez N° 81. où ce poisson est representé avec le groin étendu pour faire capture.
IV. Planche.
13
Lang-neus. Long-nez, de la Baye Portugaise. Il est mol et maigre. Il y en a de diverses especes.
14
Possje, peu commun et excellent à la Rique.
15
Klip-visch de Loeven. expliqué N° 5. Les Curieux de Hollande en ont plusieurs de cette espece. On en reconnoit la forme; mais les couleurs sont mortes et eteintes sansqu'on puisse les conserver dans le trajet d'un si long voyage après la mort du poisson.
16
Douwing-Admiral. C'est un prodige que la merveilleuse diversité et bigarrure de cette espece de poisson, dont on pêche plus de trente sortes differentes à Amboine, distinguez sous les noms de Royal, Imperial, Duc, Duchesse, Marquis, Comtes, Barons, et autres noms de dignitez, &c. Sa chair est comme celle du veau. On l'accommode à toutes sauces, mais particulierement en guise de fricassée, de poulets.
17
Goujon rayé d'Amboine, assez bon, mais fort petit.
18
D

19. **Tang-Brasem** [d.] Tong Bream

Bream of Baguala, very good when grilled. Its tail closes up like pliers and functions as a defense mechanism against the pikes, and a sting from it is dangerous.

Abudefduf sexfasciatus (Lacepède, 1801) Scissortail Sergeant

20. **Touring-reuw** [m. *toering*] Toering-reuw

The toering-reuw of the Rique or blower [poupou] is very common and diversified. It is skinned, and after being salted and dried in the sun, it is eaten raw like preserves. See figure 103.

Balistoides viridescens (Bloch & Schneider, 1801) Titan or Blue-finned Triggerfish

21. **Groot Half-Beck** [d.] Great Halfbeak

Halfbeak of Baguala. It tastes like the sturgeon, but it is too oily. Sausages are made from this fish, and they are not bad when grilled.

Hemiramphus far (Forsskål, 1775) Black-barred Halfbeak

22. **Sian Mamel** [m. *mamel*] Male Siam

[See comments, figure 23.]

?*Abudefduf saxatilis* (Linnaeus, 1758) Sergeant Major

23. **Sian Femel** [m. *femel*] Female Siam

These two small fishes [figs. 22 and 23] always swim ahead of the whales and the "marine cows"; it is as if they show them the way to go, so as to avoid the rocks, reefs, or sandbanks on which these heavy masses could run aground and hurt themselves.

?*Abudefduf sexfasciatus* (Lacepède, 1801) Scissortail Sergeant

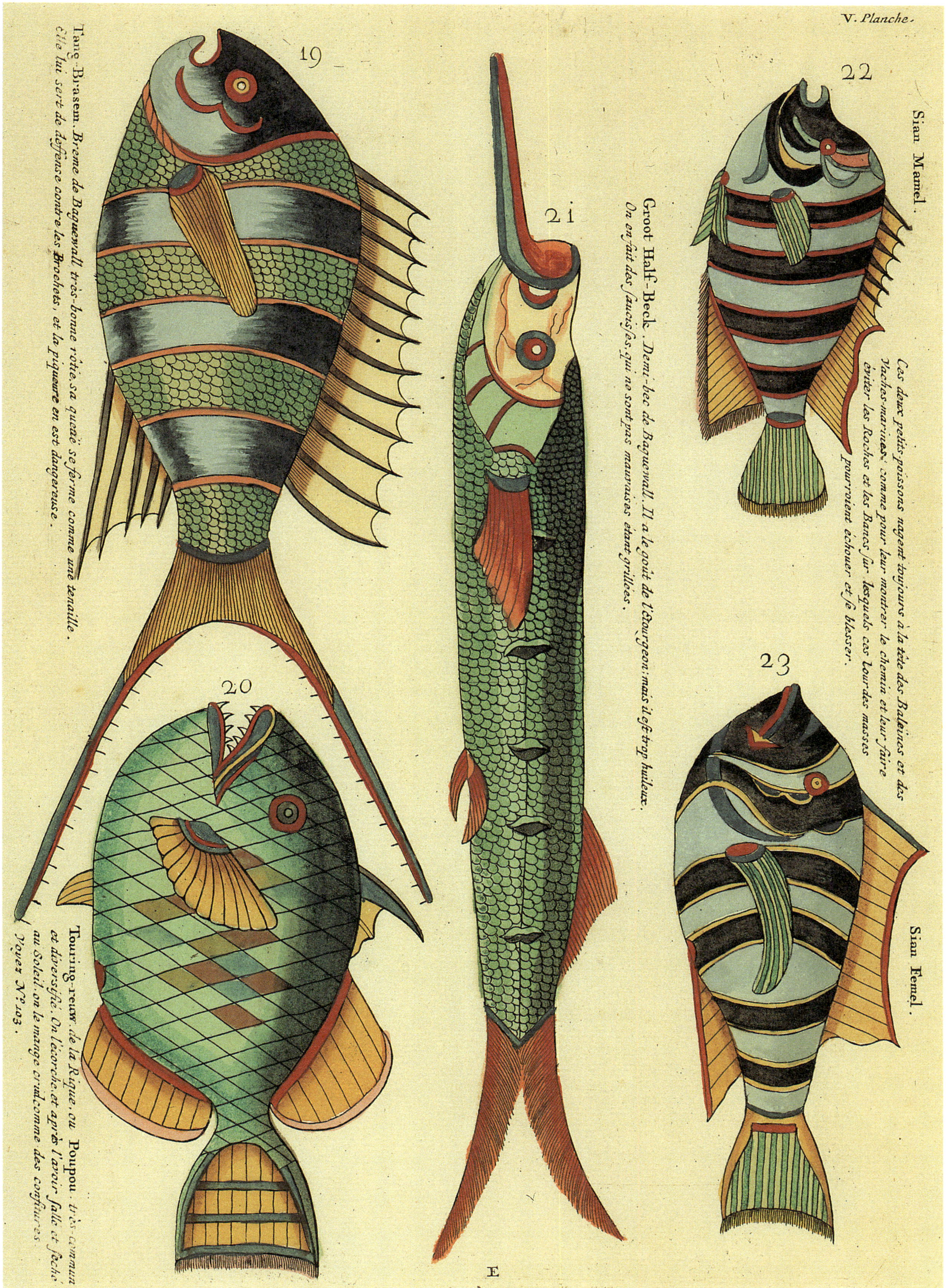
V. Planche.
19
Tang-Brasem. Breme de Baguewall très-bonne rôtie, sa queüe se ferme comme une tenaille. Elle lui sert de deffense contre les Brochets, et la piqueure en est dangereuse.
20
Touring-reuw. de la Rique, ou Poupou. très commun et diversifié. On l'écorche, et après l'avoir sallé et séché au Soleil, on le mange cruë comme des confitures. Voyez N°103.
21
Groot Half-Beck. Demi-bec de Baguewall. Il a le goût de l'Esturgeon; mais il est trop huileux. On en fait des saucisses, qui ne sont pas mauvaises étant grillées.
22
Siam Mamel.
Ces deux petits poissons nagent toujours à la tête des Baleines et des Vaches-marines, comme pour leur montrer le chemin et leur faire éviter les Roches et les Bancs sur lesquels ces lourdes masses pourroient échouer et se blesser.
23
Siam Femel.
E

24. **Ican Tomtombo** [m. *ikan, tomtombo*] Boxfish

There are many of this kind of fish, of all lengths, colors, and shapes. See the female figure 40, and another species figure 135. Europeans do not eat this fish at all because it is oily and malodorous. It is contained in a sort of shell that has to be broken with a sharp instrument. The entire fish is hardly more than a great liver from which the blacks make their principal stew.

Tetrosomus gibbosus (Linnaeus, 1758) Thornback Boxfish

25. **Ican Doriou, Herisson** [m. *ikan, durian*] Durian Fish or Hedgehog

It is covered with spikes as long as fingers and hard as iron. The blacks skin this fish and make warbonnets from the skin. When the fish swims in the ocean, it deflates a great deal; when frightened, it pulls its head back into its shell.

Diodon sp. Porcupinefish

26. **Klip-visch** [d.] Rockfish

Stethojulis sp. Wrasse

27. **Klip-visch** [d.] Rockfish

Pomacentridae gen. et sp. Damselfish

28. **Roos-visch, Rose de Hila** [d., f.] Rosefish or Rose of Hila

Its snout is covered with bulbs or pimples; some are of the color pink, and others are blue. It is an excellent fish.

Genicanthus lamarck (Lacepède, 1802) Lamarck's Angelfish

29. **Carcasse** [m. *kascasse*] Kascasse

I drew about thirty of different shapes. It is a very droll animal, which comes and eats from one's hand when it is called.

Canthigaster valentini (Bleeker, 1853) Black-saddled Sharpnose Pufferfish

VI. Planche.
24
Iean Dorion. 25
Le Herisson. Il est couvert de pointes longues comme le doigt et dures comme du fer.
Les Noirs l'écorchent,et du cuir ils s'en font des bonnets
pour aller à la guerre. Lors que ce poisson nage
dans la Mer il se desenfle beaucoup,et il retire
entierement sa tête dans sa coque lors
qu'il a peur d'être pris.
N.º 24. Iean Toutombo. Il y en a grande quantité de toutes grandeurs,
couleurs,et de differentes figures. Voyez la Femelle N.º 40. et une autre espece
N.º 135. Les Européans n'en mangent point,parce qu'il est huileux et puant. Il est
renfermé dans une espece d'écaille qu'il faut rompre à coup de hache. Tout le poisson
n'est presque qu'un gros foye,dont les Noirs font leur principal ragoût.
26 Klip-visch.
27 Klip-visch.
Roos-visch. La Rose de Hila. Il a le groin chargé de bulbes
ou boutons,les uns couleur de rose et les autres
bleus. C'est un excellent poisson.
28
29 Carcasse.
29. Carcasse. J'en ai dessiné une trenteine de differentes figures. C'est un animal
fort drolle qui vient manger hors la main quand on l'apelle.
F.

30. **Macolor** Macolor

Very good, very large, and very rare. It can weigh up to thirty pounds, but I never saw more than two in the twelve years that I stayed at Hila.

Macolor niger (Forsskål, 1775) Black-and-White Snapper

31. **Sosor** [m. *sosor*] Sosor

Plumed perch of Haruku, common, delicious, and easy to maintain in ponds. I drew this fish after it was scaled, for then it is more beautiful than with its scales.

Pristipomoides zonatus (Valenciennes, 1830) Oblique-banded Snapper

32. **Espece de Carcasse** [m. *kascasse*] A species of Kascasse

Mentioned in figure 29.

Paraluteres prionurus (Bleeker, 1851) Saddled Filefish

33. **Sambia** [m. *sambia*] Sambia

Walking fish, or common fish of Ambon. I caught it on the sand and kept it alive for three days in my house, where it followed me everywhere with great familiarity, much like a little dog. Mr. Scott has one in Amsterdam, preserved in spirits of wine.

Antennariidae gen. et sp. Frogfish

34. **Snavelaar** [d. *snavel*] Beakfish

A very good and pretty fish of the Red Mountain.

Unidentifiable teleost

Septieme Planche.
30
Macolor. Tres-bon fort grand, et tres-rare. Il pese quelquefois 30. Livres; mais je n'en ay vû que deux en douze ans à Hila.
31
Sosor. Perche panaché d'Arokee, commune, delicieuse, et propre à être conservée dans les Etangs. Je l'ay dessinée après l'avoir écaillée; car alors elle est plus belle qu'avec ses écailles.
Espece de Carcasse dont on a parlé No. 29.
32
Sambia. Loop-visch, ou Poisson courant d'Amboine. Je l'ay atrapé sur le Sable et l'ay gardé trois jours en vie dans ma maison comme un petit chien qui me suivoit par tout fort familierement. Mr. Scott en a un à Amsterdam dans l'esprit de vin.
33
34
Snavelaar. Très-bon et joly poisson du Mont rouge.
G

35. **Ican Satan** [m. *ikan, śetan*] Devilfish

The fish of the devil. It was five feet long and killed the two blacks who had caught it. One was hit by a spine that the fish threw right and left (this fish has two spines on its snout), the other man was hit also by a blue spine; both died some time afterward as if maddened by the force of the venom.

Scorpaenopsis diabolus (Cuvier, 1829) False Stonefish

36. **Iacob Everse** [d.] Jacob Evertzen

A species of trout or salmon that has to be kept for three days before it is cooked, because if cooked immediately after being caught as other fishes are, its flesh splits and becomes hard and tough like leather. There are many different kinds.

Cephalopholis argus (Schneider, 1801) Peacock Grouper

37. **Klip-visch de Loeven** [d.] Loeven Rockfish

See figure 5.

Gomphosus varius (Lacepède, 1801) Bird Wrasse

38. **Zee-Kat** [d.] Sea Cat

This fish has in its body a very black, smelly liquid that it emits in order to disturb the water and escape its predators. The Moors boil this fish alive and use this black and sour liquid to dye their cotton cloth.

Lactoria cornuta (Linnaeus, 1758), juvenile Longhorn Cowfish

39. **Klip-visch** [d.] Rockfish

Explained in figures 5 and 7.

Thalassoma sp. Wrasse

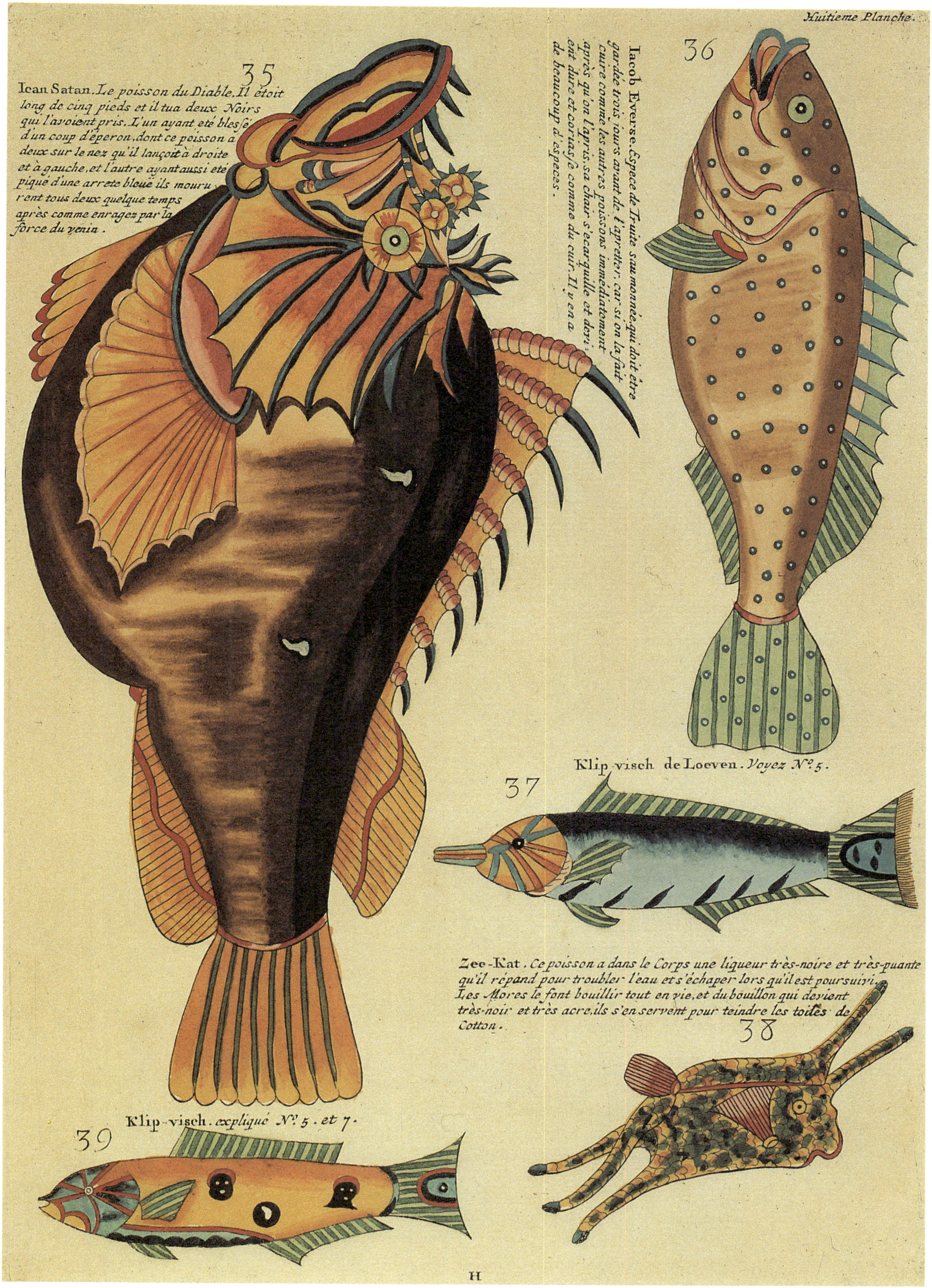
Huitieme Planche.
35
Ican Satan. Le poisson du Diable. Il étoit
long de cinq pieds et il tua deux Noirs
qui l'avoient pris. L'un ayant eté blessé
d'un coup d'eperon, dont ce poisson a
deux sur le nez qu'il lançoit à droite
et à gauche, et l'autre ayant aussi eté
piqué d'une arrete bleuë ils mouru-
rent tous deux quelque temps
après comme enragez par la
force du venin.
Iacob Everse. Espece de Truite saumonnée, qui doit être
gardée trois jours avant de l'apretter, car si on la fait
cuire comme les autres poissons immédiatement
après qu'on l'apris, sa chair s'ecarquille et devi-
ent dure et coriasse comme du cuir. Il y en a
de beaucoup d'especes.
36
Klip-visch de Loeven. Voyez N.° 5.
37
Zee-Kat. Ce poisson a dans le Corps une liqueur très-noire et très-puante
qu'il répand pour troubler l'eau et s'échaper lors qu'il est poursuivi.
Les Mores le font bouillir tout en vie, et du bouillon qui devient
très-noir et très acre, ils s'en servent pour teindre les toiles de
Cotton.
38
Klip-visch. expliqué N.° 5. et 7.
39
H

40. **Tomtombo** [m. *tomtombo*] Boxfish

The female is represented in figure 24.

Tetrosomus gibbosus (Linnaeus, 1758) Thornback Boxfish

41. **Klip-visch** [d.] Rockfish

Explained in figures 5 and 7.

Labridae gen. et sp. Wrasse

42. **Petit Brochet** [f.] Little Pike

The little pike of the rocks of Baguala.

Valenciennea sp. Goby

43. **Paradys vischje** [d. *paradijs*] Little Paradise Fish

The little fish of paradise is very beautiful and comes in different lengths and colors in the ponds of Loeven. It is gregarious and likes to listen to the sound of the flutes and flageolets. It often jumps a foot out of the water as if it wanted to have its beautiful colors admired.

Labroides dimidiatus (Valenciennes, 1839) Cleaner Wrasse

44. **Moorse-Afgodt** [d.] Moorish Idol

The pagan idol. When the poor people see these fish caught in their nets they throw themselves on their knees and put the fish back in the ocean, with songs of devotion and extraordinary postures. This fish can often weigh twelve to fifteen pounds and is not a bit inferior to the European turbot for its goodness.

Zanclus cornutus (Linnaeus, 1758) Moorish Idol

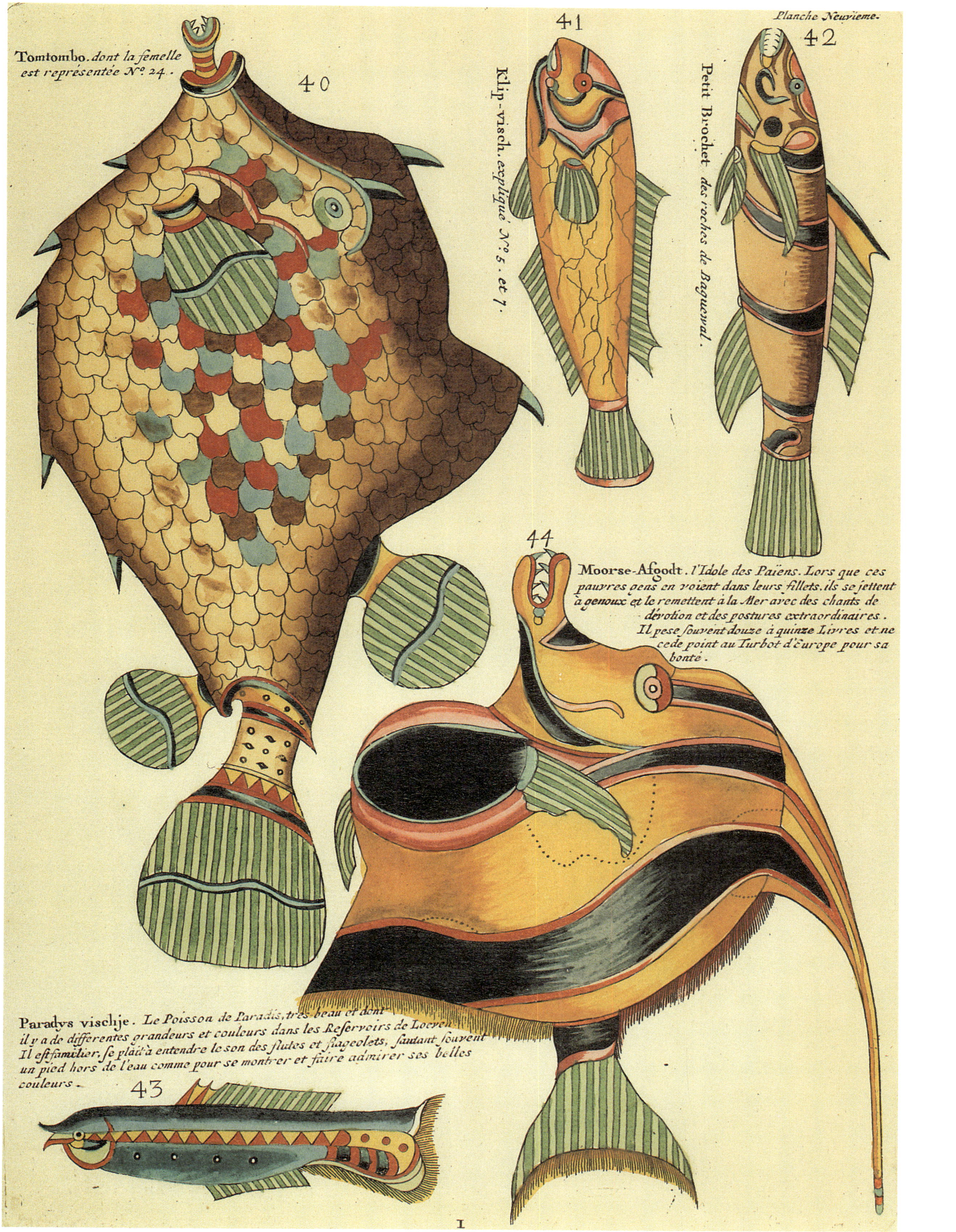
Planche Neuvieme.
Tomtombo. dont la femelle est représentée Nº. 24.
40
41
Klip-visch. expliqué Nº. 5. et 7.
42
Petit Brochet des roches de Baguevad.
44
Moorse-Afgodt. l'Idole des Païens. Lors que ces pauvres gens en voient dans leurs fillets, ils se jettent à genoux et le remettent à la Mer avec des chants de dévotion et des postures extraordinaires. Il pese souvent douze à quinze Livres et ne cede point au Turbot d'Europe pour sa bonté.
Paradys vischje. Le Poisson de Paradis, très beau et dont il y a de differentes grandeurs et couleurs dans les Reservoirs de Loeven. Il est familier, se plaît à entendre le son des flutes et flageolets, sautant souvent un pied hors de l'eau comme pour se montrer et faire admirer ses belles couleurs.
43
1

45. **Saal-visch** [d. *zaal, zadel*] Saddlefish

The saddlefish of Nusa Laut is very oily and comes in different varieties.

Thalassoma janseni (Bleeker, 1856) Jansen's Wrasse

46. **Nonne de Baguewal** [d. *non*] Baguala Nun

The nun of Baguala is common and charming, delicious with all sorts of sauces.

Chaetodon sp. Butterflyfish

47. **Munick** [d. *monnik*] Monk

The monk, very good, but a bit rare.

Scolopsis bilineatus (Bloch, 1793) Two-lined Monocle Bream

48. **Klip-visch** [d.] Rockfish

Explained in figures 5 and 7.

?*Parapercis* sp. Sandsmelt

49. **Joosje-Joosje** [d. *joost*] Little Devil

Bizarre and common. The people of Ambon burn the bones of this fish and swallow the ashes as a remedy against fever. The women wear its horn or bones for ornament and as a preservative against womb diseases.

Heniochus varius (Cuvier, 1829) Horned Bannerfish

50. **Klip-visch** [d.] Rockfish

Stethojulis sp. Wrasse

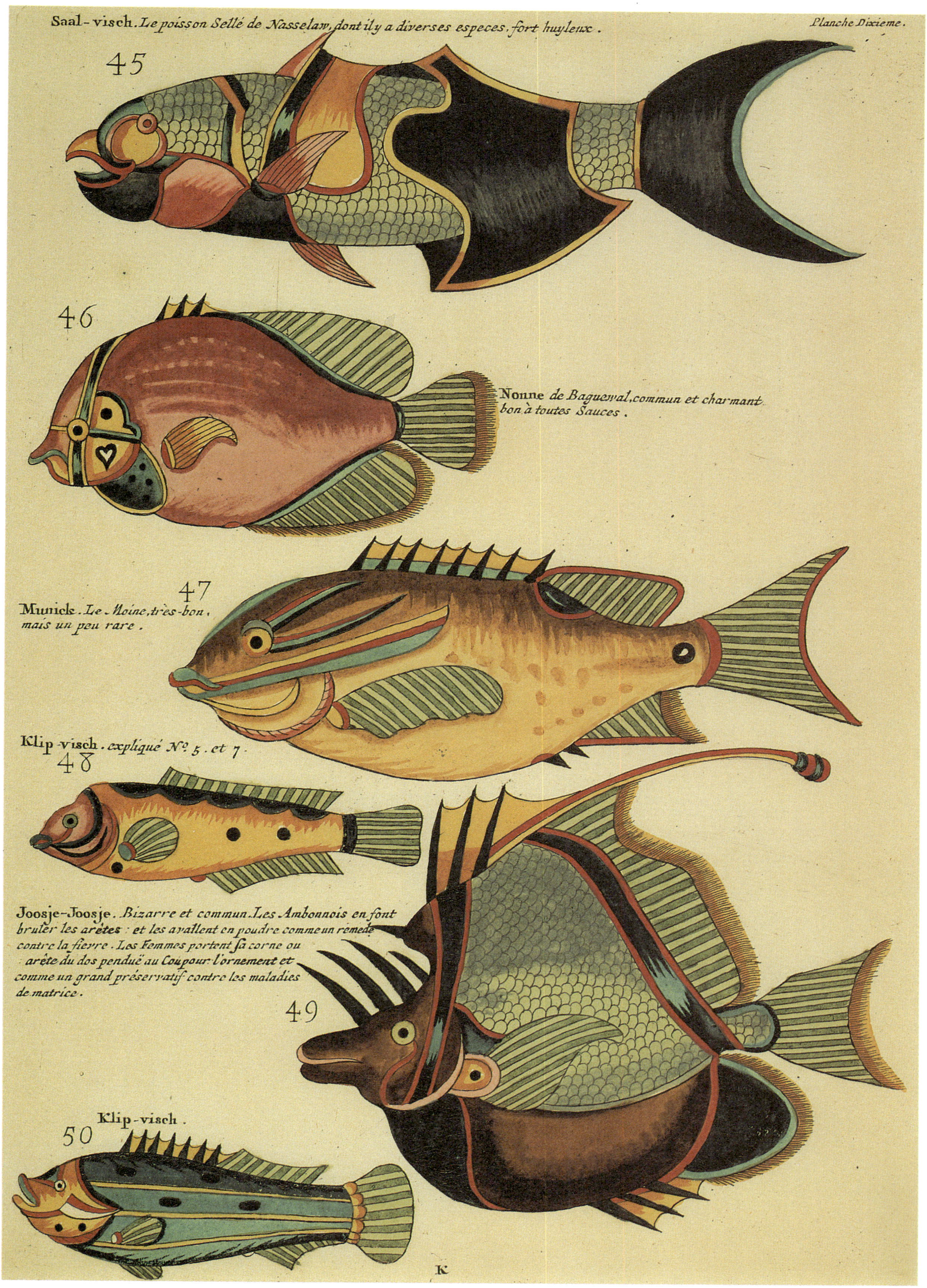
Saal-visch. Le poisson Sellé de Nasselaw, dont il y a diverses especes, fort huyleux.
Planche Dixieme.
45
46
Nonne de Baguewal, commun et charmant bon à toutes Sauces.
47
Munick. Le Moine, très-bon, mais un peu rare.
Klip-visch. expliqué N°. 5. et 7.
48
Joosje-Joosje. Bizarre et commun. Les Ambonnois en font bruler les arêtes : et les avallent en poudre comme un remede contre la fievre. Les Femmes portent sa corne ou arête du dos penduë au Coupour: l'ornement et comme un grand préservatif contre les maladies de matrice.
49
Klip-visch.
50
K

51. **Bonte Jager** [d.] Pied Hunter

The pied hunter, six feet long, is very good when boiled, broiled, or salted for provision. Its colors change according to whether the fish is fatter or thinner.

Parapercis sp. Sandsmelt

52. **Zee-Draekje** [d. *zee-draak*] Little Sea Dragon

The sea dragon of Hila, of which there are different sizes.

Eurypegasus draconis (Linnaeus, 1766) Dragon Sea Moth

53. **Streepeling** [d.] Striper

The striper of the Red Mountain, very good when boiled in a parsley sauce.

Caesio sp. Fusilier

54. **Poupou de Manipe** [m. *puput*] Manipe Blower

Good when fried.

Balistidae gen. et sp. Triggerfish

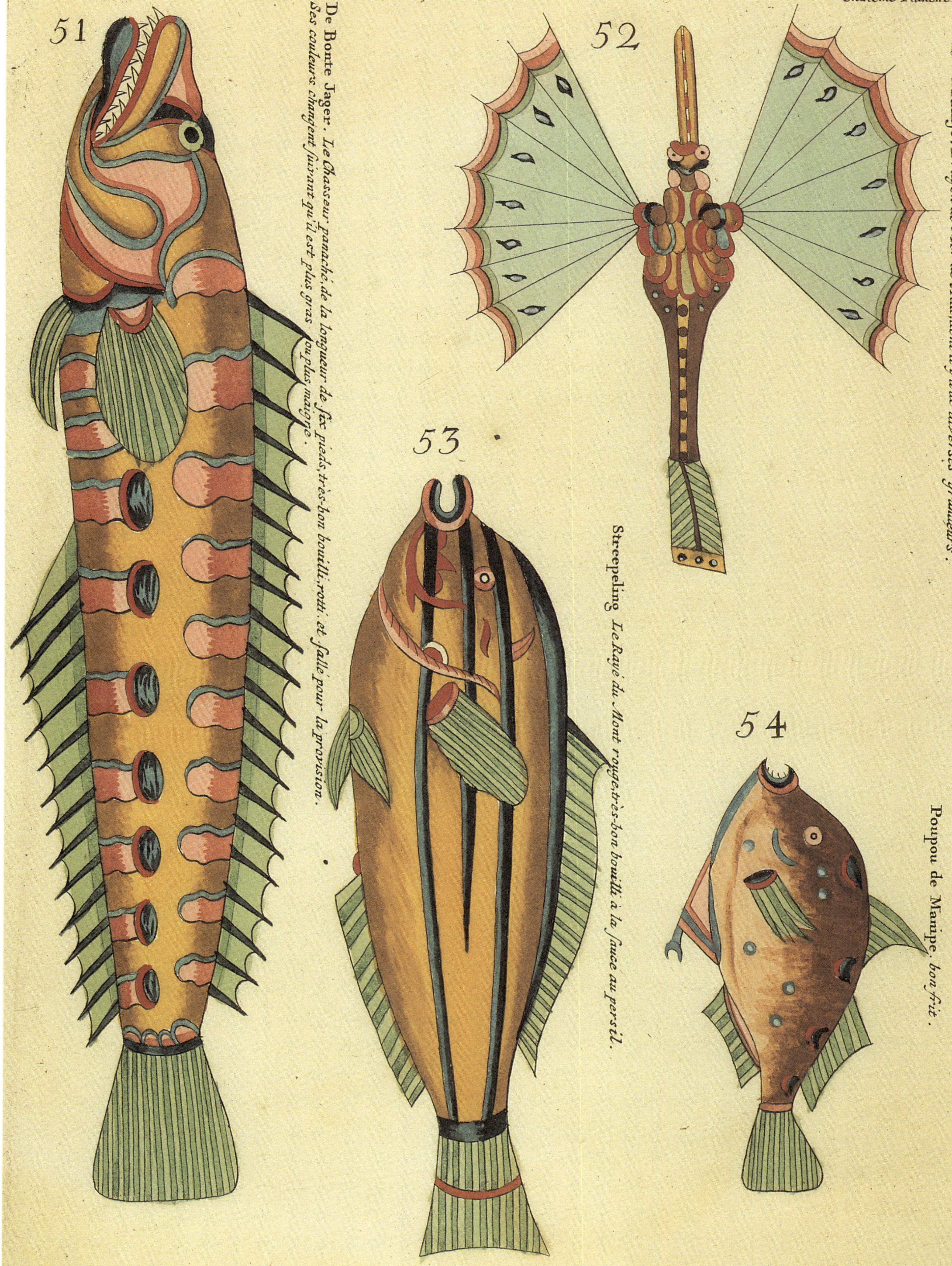

51. De Bonte Jager. *Le Chasseur panaché, de la longueur de six pieds, très-bon bouilli, roti, et sallé pour la provision. Ses couleurs changent suivant qu'il est plus gras ou plus maigre.*

52. Zee-Draaktje. *Dragon de Mer de Hila, dont il y a de diverses grandeurs.*

53. Streepeling *Le Rayé du Mont rouge, très-bon bouilli à la sauce au persil.*

54. Poupou de Manipe, *bon frit.*

55. **Groot Eylander** [d.] Great Islander

The great islander of Manipe is ten feet long, very oily, and smelly.

Acanthurus olivaceus (Bloch & Schneider, 1801) Orange-band Surgeonfish

56. **Springer van Loeven. Le Sauteur** [d., f.] Loeven Jumper

A great quantity are fished. They are skinned and chopped with oysters and spices, and barrels are filled for provisions. It makes a peculiar stew that tastes like a calf's head eaten cold with parsley and vinegar.

Unidentifiable teleost

57. **Carcassin du Kaysmans-hoek** [m. *kascasse*] Kascasse of Kayman's Hook

See figure 29. It is a species of boxfish [*tomtombo*]; there are millions of them variously marked.

Canthigaster sp. Sharpnose Pufferfish

58. **Petite Perche de Riviere** [f.] Little River Perch

There are prodigious quantities of this fish, all very different from one another in their markings and colors.

Unidentifiable teleost

56

55 De Groot Eylander. L'insulaire de Manipe long de 10. pieds, fort huyleux et puant.

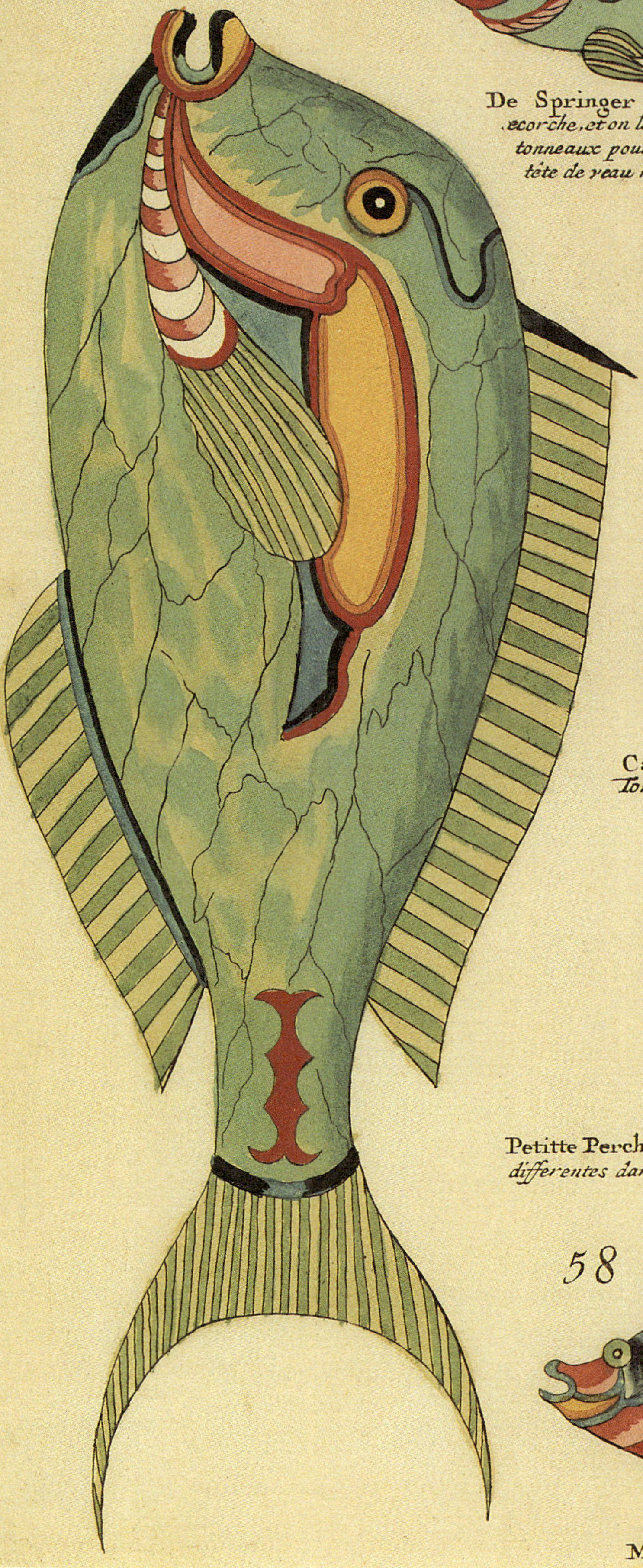

De Springer van Loeven. *Le Sauteur. On en prend grande quantité. On les ecorche, et on les hache avec des huitres et des epiceries. On enremplit des tonneaux pour la provision. C'est un ragout particulier et qui a le goût d'une tête de veau mangée froide avec du vinaigre et du persil.*

57

Carcassin du Kaymans-hoek. *Voyez N.º 29. C'est une espece de Tomtombo, dont il y a des milliers fort diversement bigarrez.*

Petitte Perche de Riviere. *dont il y a des quantitez prodigieuses très-differentes dans leurs couleurs et bigarrures.*

58

59. **Loup de Nasselaw** [f.] Nusa Laut Wolf

Is good with all kinds of sauces, and is very common. This one was six feet long. There are so many different kinds that one hardly ever resembles another.

Cheilinus sp. Wrasse

60. **Espece de Chat marin mâle** [f.] Male of a species of Sea Cat

The female is shown in figure 38. This fish possesses in its body a very black and very smelly liquid, from which the Indians make a dye for their cloth.

Lactoria cornuta (Linnaeus, 1758), juvenile Longhorn Cowfish

61. **Klip-Visch** [d.] Rockfish

See figure 5.

?*Canthigaster* sp. Sharpnose Pufferfish

62. **Lang-neus** [d.] Longnose

It is such a common fish that it is disregarded. See figure 14.

Unidentifiable teleost

63. **Ican Honimo** [m. *ikan*] Honimo Fish

A beautiful and good fish, but not too common; very few individuals resemble one another, some are spotted in a certain way, and others in a different way.

Epinephalus flavocaeruleus (Lacepède, 1802) Blue-and-Yellow Grouper

Le Loup de Naſſelaw *est bon à toutes sauces, & fort commun: Celui-ci avoit 6 pieds de long. Il y en a de tant de ſortes que l'un ne reſſemble presque jamais à l'autre.*

59

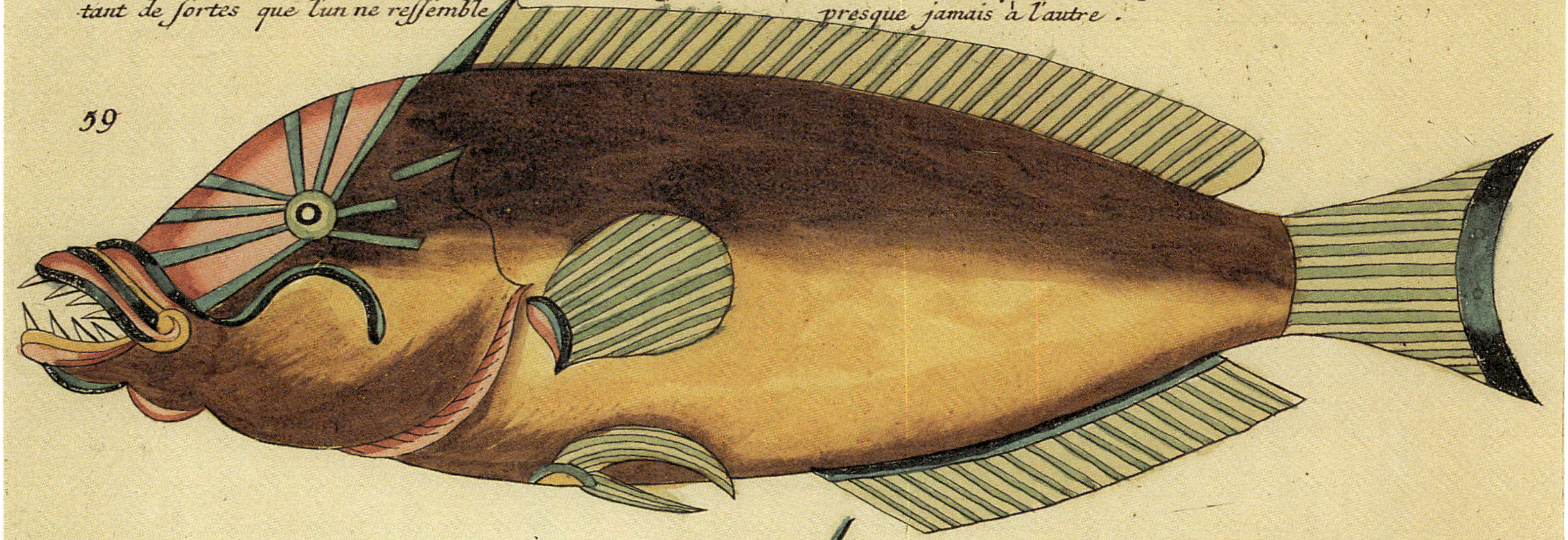

Espece de Chat marin *mâle, dont la femelle eſt N.° 38. Ce Poiſſon a dans le Corps une liqueur trés-noire & tres-puante, dont les* **Indiens** *tirent une bonne teinture pour leurs toiles.*

60

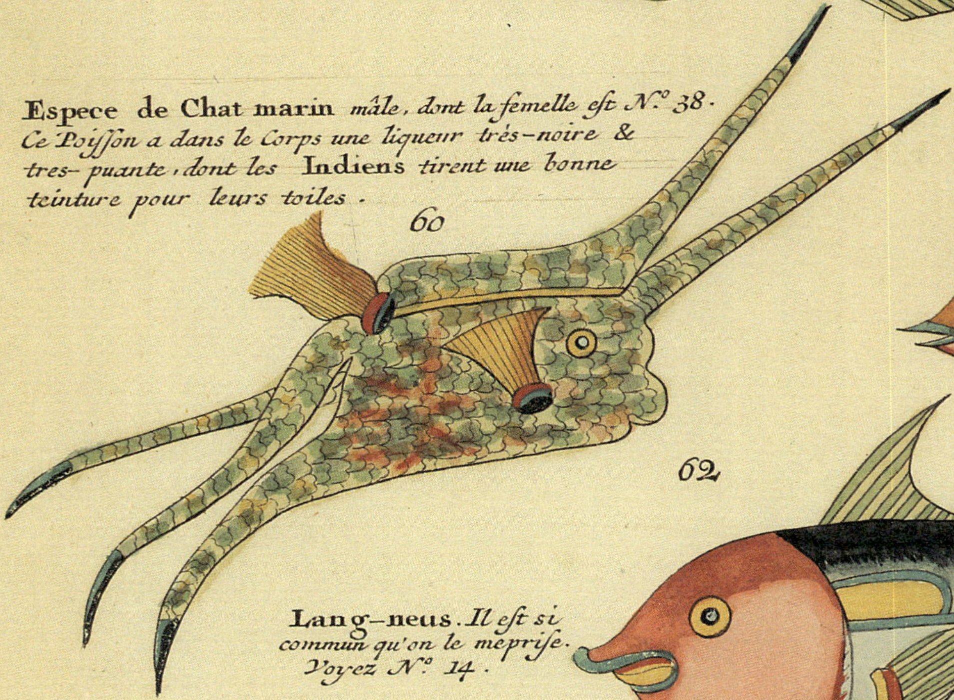

Klip-Viſch, *Voyez N.° 5.*

61

62

Lang-neus. *Il eſt si commun qu'on le mépriſe. Voyez N.° 14.*

Ican Honimo *beau & bon Poiſſon, qui n'eſt pas trop commun; mais on n'en trouve presque point qui se reſſemblent; Les uns ſont tachetez d'une façon et les autres d'une autre.*

63

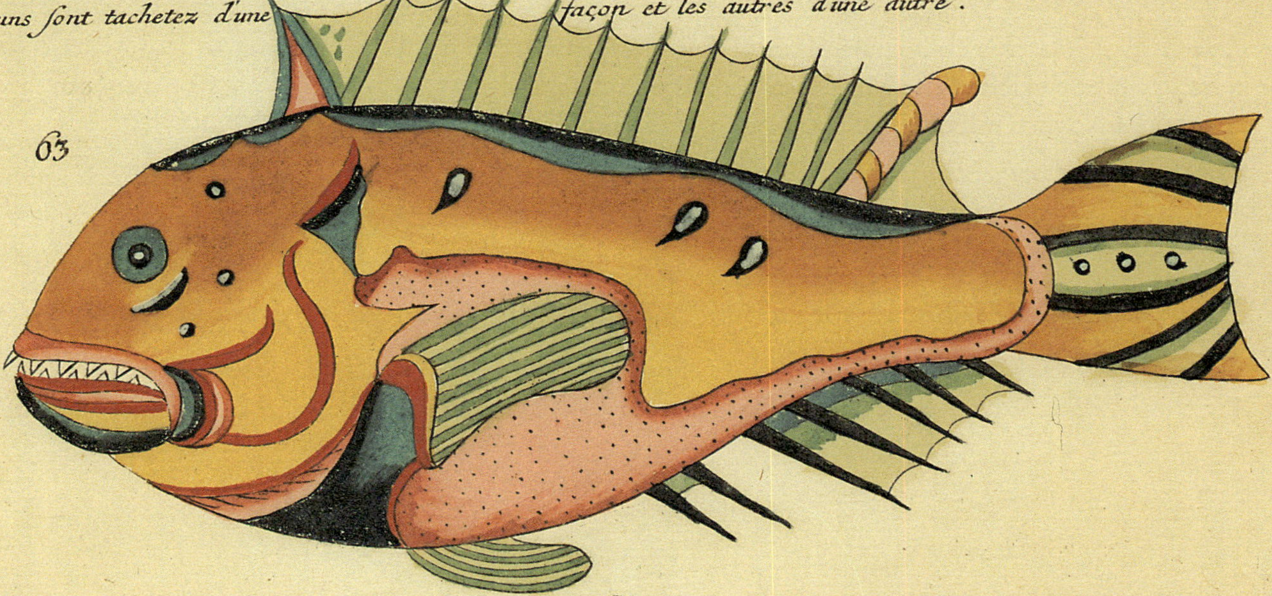

64. **Sian** Siam

Described in figures 22 and 23. This one is from Ceram.

Amphiprion sebae Bleeker, 1853 Seba's Anemonefish

65. **Geep-Visch** [d.] Garfish

Garfish from Bantam, eight feet long, and with a deadly bite. It has sharp bones and is worth nothing.

Tylosurus sp. Needlefish

66. **Vaandraager ou l'Enseigne** [d. *vaandrig*, f. *l'enseigne*] Flag Bearer

A very agreeable and entertaining fish in the ponds of Louven. It normally swims close to the surface at the head of a group of other small fishes, its banner held straight up; it is so gregarious that it comes and eats out of one's hand when it is called, just the way pigeons do. There are three or four different kinds.

Heniochus acuminatus (Linnaeus, 1758) Long-fin Bannerfish

67. **Ican Paring** [m. *ikan*, *párang*] Knifefish

The collectors from Holland have these knifefish in their cabinets. This one was eight feet, seven inches long and tasted like a sturgeon.

Peristedion sp. Armored Sea Robin

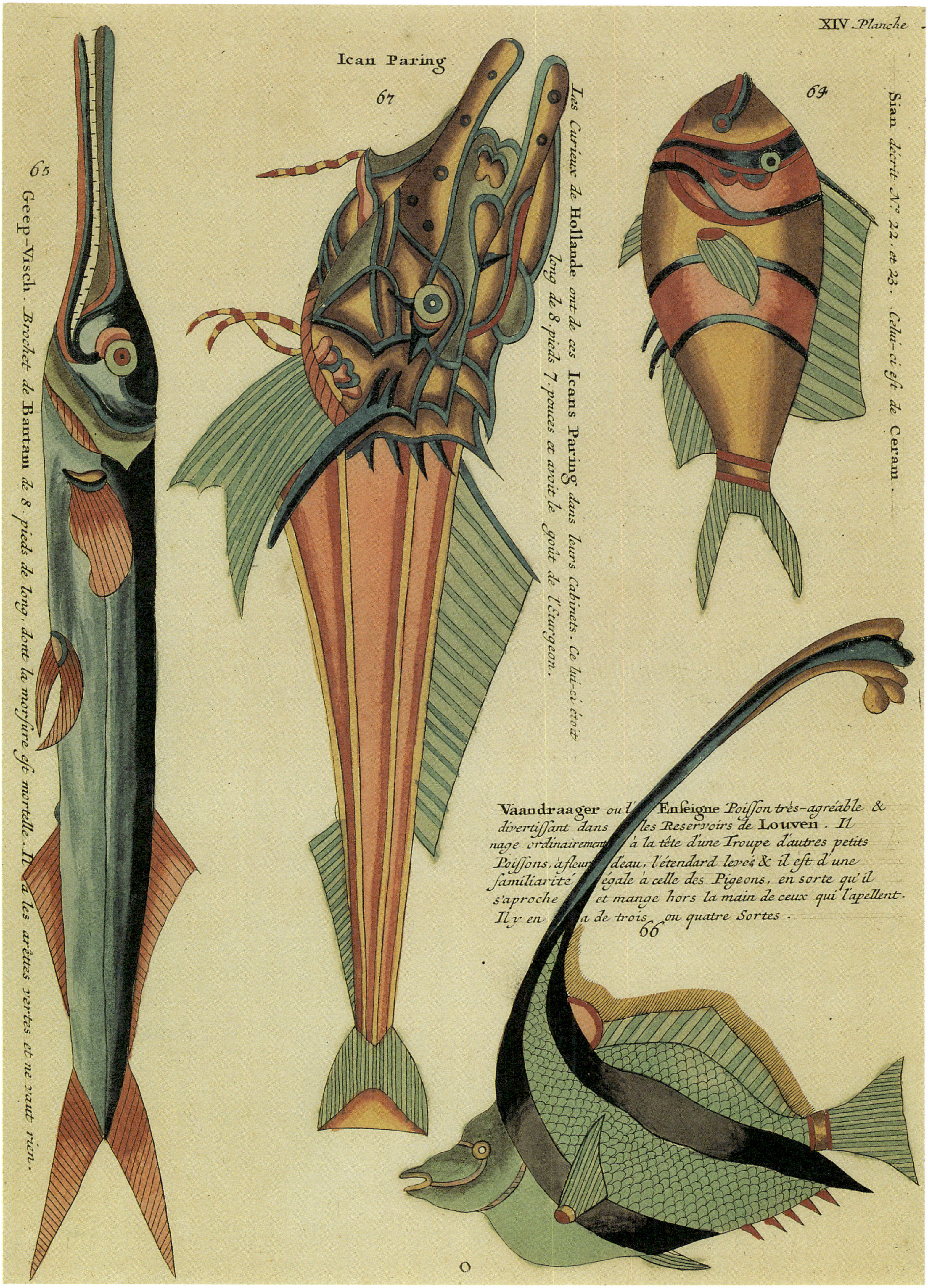
XIV. Planche
Ican Paring
67
65
Geep-Visch. Brochet de Bantam de 8. pieds de long, dont la morsure est mortelle. Il a les arêtes vertes et ne vaut rien.
Les Curieux de Hollande ont de ces Icans Paring dans leurs Cabinets. Ce lui-ci étoit
long de 8. pieds 7. pouces et avoit le goût de l'Esturgeon.
64
Sian décrit N.º 22. et 23. Celui-ci est de Ceram.
Vaandraager ou l' Enseigne Poisson très-agréable &
divertissant dans les Reservoirs de Louven. Il
nage ordinairement à la tête d'une Troupe d'autres petits
Poissons, à fleur d'eau, l'étendard levé; & il est d'une
familiarité égale à celle des Pigeons, en sorte qu'il
s'aproche et mange hors la main de ceux qui l'apellent.
Il y en a de trois, ou quatre Sortes.
66
o

68. **Pots-kop de Baguewall** [d.] Baguala Pothead

It is skinned to be salted like codfish, and is very good.

Thalassoma hardwicke (Bennett, 1830) Hardwicke's Wrasse

69. **Zee-Swaluw ou l'Hirondelle de Mer** [d., f.] Sea Swallow

Called by some the bird of paradise. See figure 43.

Labroides dimidiatus (Valenciennes, 1839) Cleaner Wrasse

70. **Carcasse Tomtombo** [m. *Kascasse, tomtombo*] Kascasse Box Fish

See figures 29 and 57.

Canthigaster bennetti (Bleeker, 1854) Bennett's Sharpnose Pufferfish

71. **Klip-Vischje** [d.] Little Rockfish

Similar to figure 5.

Coris gaimard (Quoy & Gaimard, 1824) Yellowtail Coris

72. **Ican Suangi** [m. *ikan, suangi*] Witchfish

Described in figure 3.

Pterois antennata (Bloch, 1787) Spotfin Lionfish

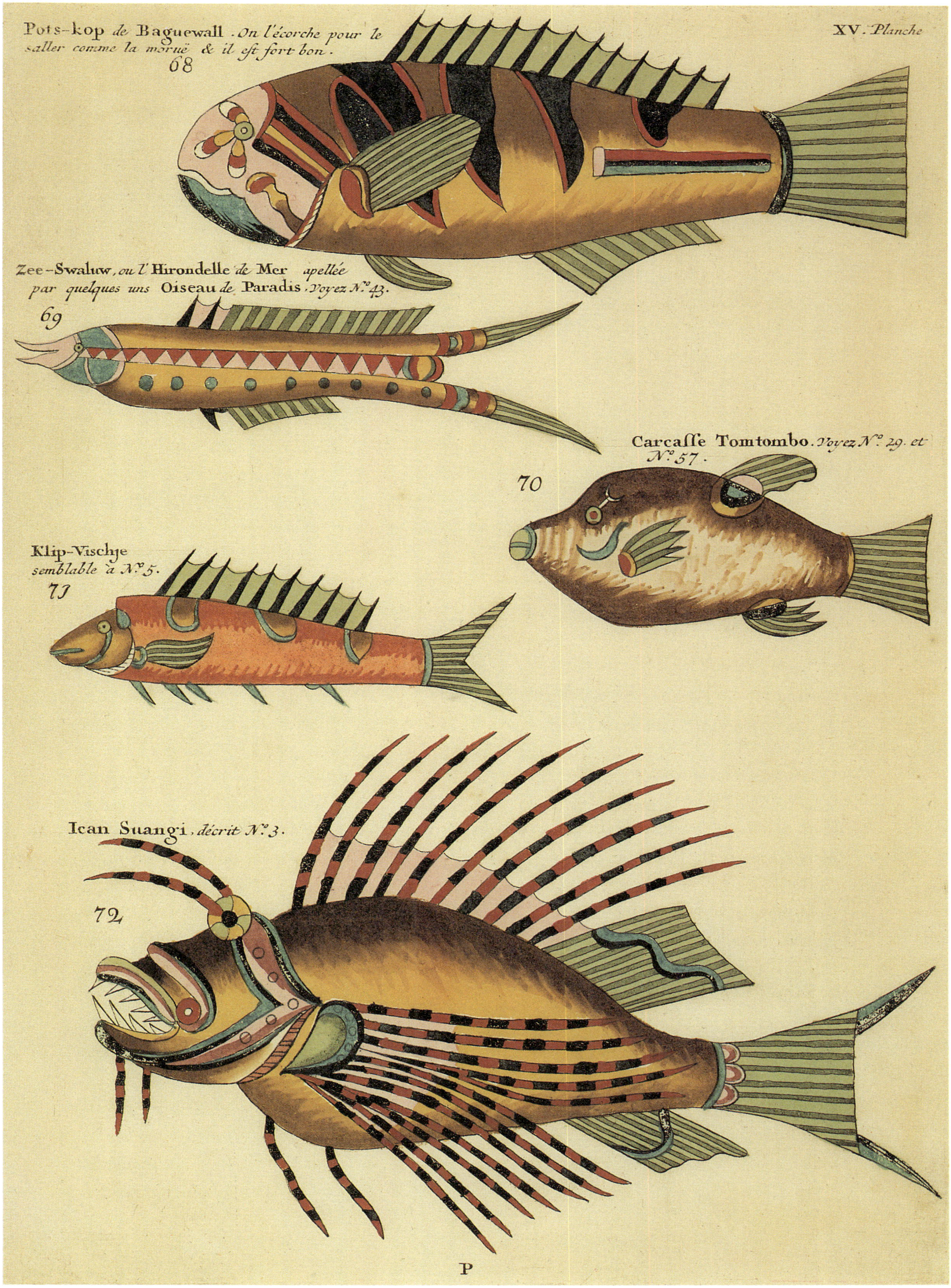
XV. Planche
Pots-kop de Baguewall. On l'écorche pour le saller comme la morue & il est fort bon.
68
Zee-Swaluw, ou l'Hirondelle de Mer apellée par quelques uns Oiseau de Paradis. Voyez N.° 43.
69
Carcasse Tomtombo. Voyez N.° 29. et N.° 57.
70
Klip-Vischje semblable à N.° 5.
71
Ican Suangi, décrit N.° 3.
72
P

73. **Coffer de Nasselaw** [d. *koffer*] Nusa Laut Box Fish

Common and disregarded.

?Scaridae gen. et sp. Parrotfish

74. **Klip-Visch** [d.] Rockfish

Described in figure 5.

?*Parapercis* sp. Sandsmelt

75. **Speer-Visch** [d.] Spearfish

The pikeman. There are millions of different shapes.

Heniochus acuminatus (Linnaeus, 1758) Long-fin Bannerfish

76. **Dorade-Dauphin** [f.] Gilt-head Dolphin

Fish of the Rique, very delicate and beautiful. It raises itself close to the surface when swimming, and according as it bends and straightens, it shows an infinity of very bright colors agreeable to see.

Coryphaena hippurus Linnaeus, 1758 Common Dolphinfish

77. **Douwing bâtard d'Harocke** [m. *doewing*, f.] Bastard Doewing of Haruku

Pygoplites diacanthus (Boddaert, 1772) Regal Angelfish

78. **Klip-Visch** [d.] Rockfish

See figure 5.

Gomphosus varius (Lacepède, 1801) Bird Wrasse

79. **Speer-Vischje** [d.] Little Spearfish

The little pikeman.

Heniochus sp. Bannerfish

XVI. Planche.
73
Coffer de Nasselaw
commun & méprisé.
Klip-Visch décrit N.° 5.
74
Speer-Visch, ou le Piquier,
dont il y a des millions
de differentes figures.
75
Dorade-Dauphin, Poisson de la Rique très délicat et
très-beau. Il s'eleve à fleur d'eau pour nager et suivant qu'il
se plie ou s'alonge, il paroit d'une infinité de Couleurs très-
brillantes et agréables à voir.
76
Douwing bâtard d'Harocke
77
Speer-Vischje, ou le petit Piquier.
79
78
Klip-Visch
Voyez N.° 5.
Q

80. **Blauwe Staar** [d.] Blue Star

The blue star of Ambon is a meager and common fish.

Epibulus insidiator (Pallas, 1770) Sling-jaw Wrasse

81. **Bedrieger** [d.] Deceiver

The deceiver of the Rique. Described in figure 13.

Epibulus insidiator (Pallas, 1770) Sling-jaw Wrasse

82. **Streepeling** [d.] Striper

The striper or striated fish of Hila is very good.

Lutjanus bengalensis (Bloch, 1790) Bengal Snapper

83. **Poisson de Paradis** [f.] Paradise Fish

Described in figure 43.

Mastacembelus sp. Spiny Eel

84. **Spits-beck** [d.] Pointed Beak

The pointed beak of the Red Mountain is good and common.

Chaetodontidae gen. et sp. Butterflyfish

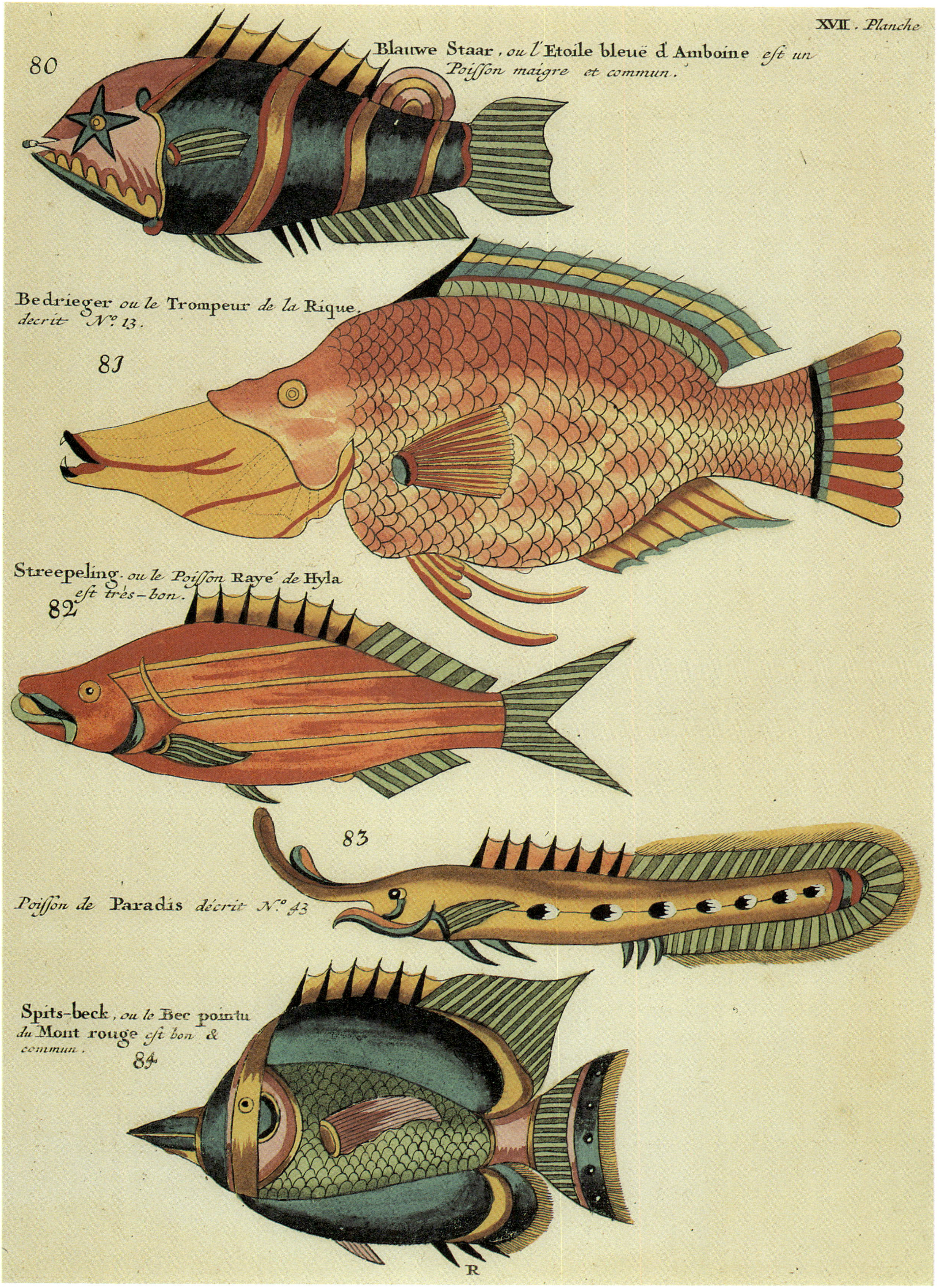
XVII. Planche
80
Blauwe Staar, ou l'Etoile bleuë d'Amboine est un
Poisson maigre et commun.
Bedrieger ou le Trompeur de la Rique,
decrit N°. 13.
81
Streepeling. ou le Poisson Rayé de Hyla
est très-bon.
82
83
Poisson de Paradis décrit N°. 43
Spits-beck, ou le Bec pointu
du Mont rouge est bon &
commun.
84
R

85. **Alforeese** [m.] Alforeese

There are different kinds, six to seven feet long, and they are very good.

Plectropomus laevis (Lacepède, 1802) Black-saddled Grouper

86. **Douwing-Comtesse** [m. *doewing*, f.] Countess Doewing

See figure 17. There are as many differences between the species of this fish as there are differences in the tulips in our gardens.

Pomacanthus imperator (Bloch, 1787) Emperor Angelfish

87. **Klip-visch** [d.] Rockfish

Described in figure 5.

?Labridae gen. et sp. Wrasse

88. **Klip-nonnetje** [d.] Little Nun of the Rocks

The merganser of the rocks is fished at Baguala, and its flesh is as white as the flesh of a calf.

Chaetodontidae gen. et sp. Butterflyfish

89. **Schapje** [d. *schaap*] Little Sheep

The little sheep of the island of the Three Brothers is excellent.

Scarus sp. Parrotfish

Alforeese . *Il y en a de diverſes sortes de 6 à 7 pieds de longueur . ils ſont fort bons .*

85

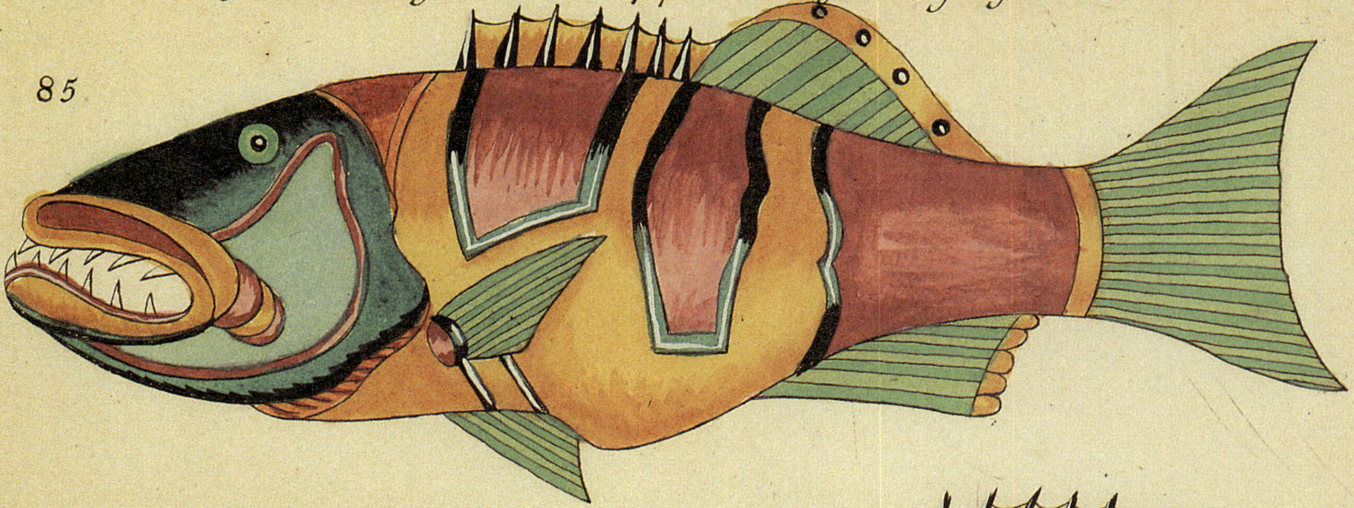

Douwing-Comtesse *Voyez N.º 17.*
Il y a autant de difference entre les diverſes espéces de ce Poiſſon qu'entre les Tulipes de nos Jardins .

86

Klip-visch *décrit N.º 5.*

87

Klip-nonnetje *ou la* **Nonain des Rochers** .
On pêche ce Poiſſon à **Baguewal** *& ſa chair eſt blanchâtre comme celle du Veau:*

88

Schapje *ou le* **Mouton** *de l'***Ile des trois freres** *eſt excellent.*

89

90. **Bolam de la Baye Portugaise** [d. *bulan*] Moon of Portuguese Bay

It is very oily and disgusting.

Unidentifiable teleost

91. **Caffer d'Amboine** [d. *kaffer*] Ambon Lout

A very delicate fish, one foot long, which is placed in the ponds. There are different kinds.

Acanthopagrus bifasciatus (Forsskål, 1775) Two-bar Seabream

92. **Amboneese Grundel, ou Goujon d'Amboine** [d. *grondel*, f.] Ambon Gudgeon

Unidentifiable teleost

93. **Voorn** [d.] Roach

The trout of Ambon. A very common fish that is not esteemed.

Unidentifiable teleost

94. **Cornuto, ou le Cornu** [f.] Horn Fish

Its horns are so venomous that it is dangerous to be stung by this fish. It is a pleasing and tame fish in the ponds. Three or four kinds are caught.

Oxymonacanthus longirostris (Bloch & Schneider, 1801) Long-snouted Filefish

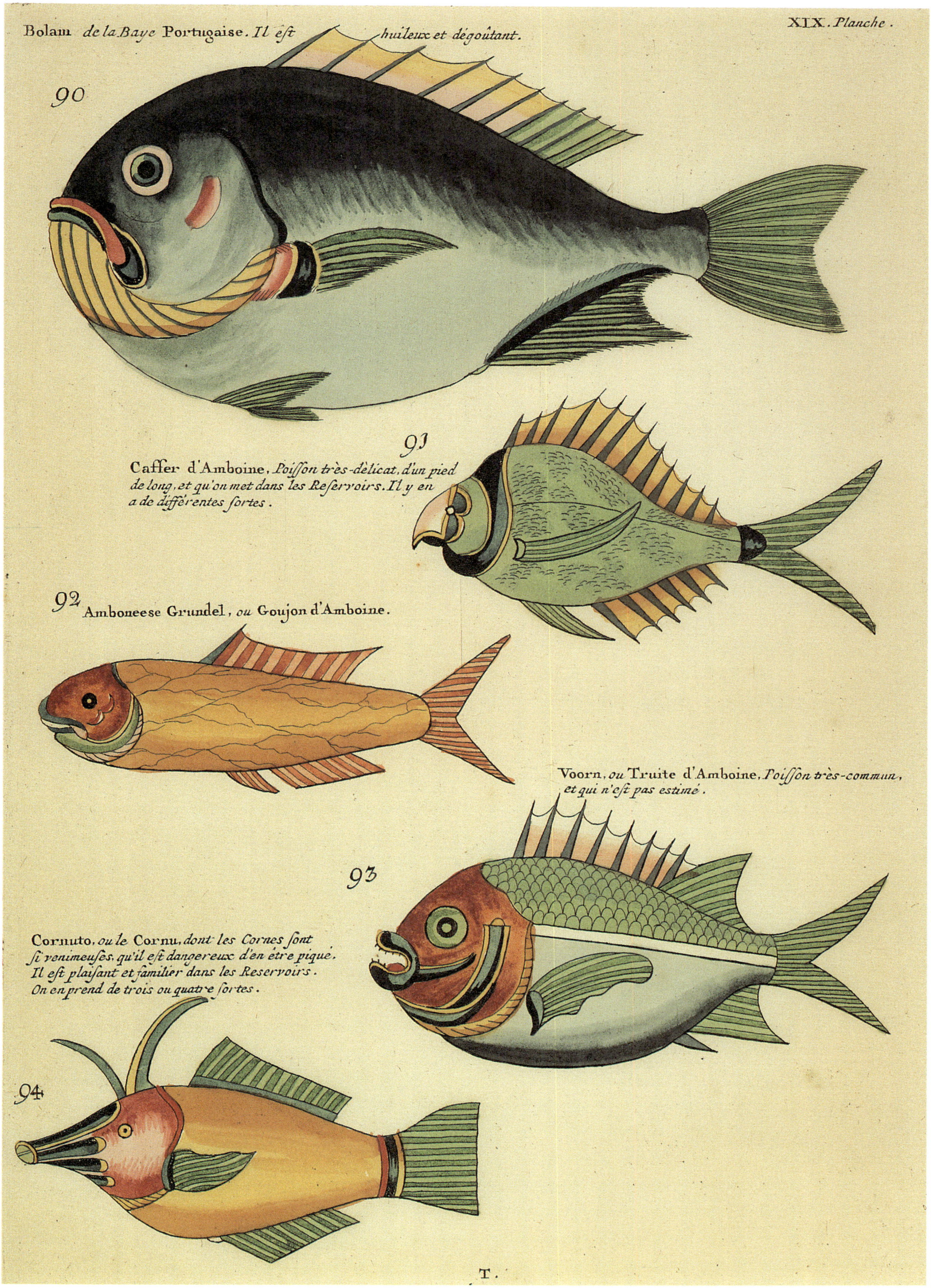
XIX. Planche.
Bolam de la Baye Portugaise. Il est huileux et dégoûtant.
90
91
Caffer d'Amboine, Poisson très-délicat, d'un pied de long, et qu'on met dans les Reservoirs. Il y en a de différentes sortes.
92 Amboneese Grundel, ou Goujon d'Amboine.
Voorn, ou Truite d'Amboine, Poisson très-commun, et qui n'est pas estimé.
93
Cornuto, ou le Cornu, dont les Cornes sont si venimeuses, qu'il est dangereux d'en être piqué. Il est plaisant et familier dans les Reservoirs. On en prend de trois ou quatre sortes.
94
T.

95. **Kakatoe** [f. *kakatoès*] Cockatoo

The name given to a species of big parrot. This fish is of an extraordinary beauty and is delicious to eat. It is the size of a codfish and is fairly common. There is an infinity of species that can be distinguished from one another by the different spotted areas and also by their different colors.

Macolor niger (Forsskål, 1775) Black-and-White Snapper

96. **Roeme de la Rique** [d. *roem*] Glory of the Rique

This fish is very much appreciated. Its head is better than that of a salmon.

Aphareus rutilans (Cuvier, 1830) Rusty Jobfish

97. **Bliek d'Amboine** [d.] Ambon Sprat

This fish is easily found and usually eaten fried after being dried in the sun and salted.

?*Siganus* sp. Rabbitfish

98. **Douwing Princesse** [m. *doewing*, f.] Princess Doewing

A very delicious fish, delightful to look at in the ponds, where there are more than thirty different kinds as variously marked as butterflies. Some are as large as a dinner plate, with flesh that is red like that of the salmon.

Chaetodon baronessa Cuvier, 1831 Triangular Butterflyfish

99. **Goujon de la Rique** [f.] Gudgeon of the Rique

Very good when fried.

Unidentifiable teleost

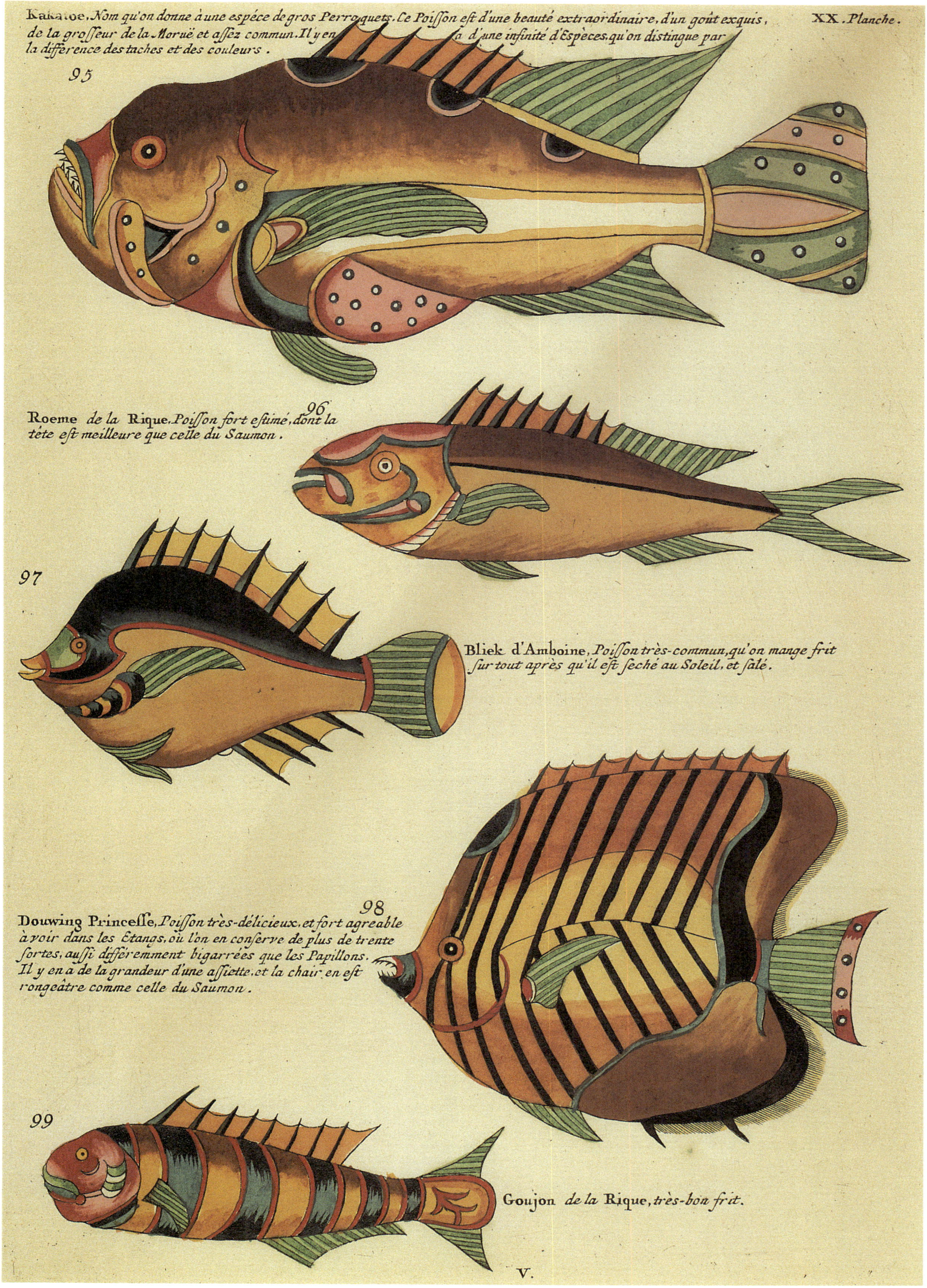
Kakatoe, Nom qu'on donne à une espéce de gros Perroquets. Ce Poiſſon eſt d'une beauté extraordinaire, d'un goût exquis, de la groſſeur de la Moruë et aſſez commun. Il y en a d'une infinité d'Espèces, qu'on distingue par la difference des taches et des couleurs.
XX. Planche.
95
96
Roeme de la Rique. Poiſſon fort eſtimé, dont la tête eſt meilleure que celle du Saumon.
97
Bliek d'Amboine, Poiſſon très-commun, qu'on mange frit ſur tout après qu'il eſt ſeché au Soleil, et ſalé.
98
Douwing Princeſſe, Poiſſon très-délicieux, et fort agreable à voir dans les Etangs, où l'on en conſerve de plus de trente ſortes, auſſi differemment bigarrées que les Papillons. Il y en a de la grandeur d'une aſſiette, et la chair en eſt rougeâtre comme celle du Saumon.
99
Goujon de la Rique, très-bon frit.
V.

100. **Iacob-Everse** [d.] Jacob Evertzen

Described in figure 36. This fish has different names. Some call it *lucessie* and others call it *sousalath.*

Variola louti (Forsskål, 1775) Moontail Grouper

101. **Klip-visch de Baguewall** [d.] Baguala Rockfish

Unidentifiable teleost

102. **Harlequin** [d. *harlekijn*] Harlequin

A fish that plays in the water and is also found in the pond at Loeven. It is very good with all sauces, but rare.

Bodianus mesothorax (Bloch & Schneider, 1801) Black-belt Wrasse

103. **Touring-Reuwe** [m. *toering*] Toering-Reuwe

A species of blower, described in figure 20. There are several different kinds.

Pseudobalistes flavimarginatus (Rüppell, 1829) Yellow-margin Triggerfish

104. **Ican Hamla** [m. *ikan, hamlau*] Clownfish

It smells oily and is not esteemed.

?*Selar crumenophthalmus* (Bloch, 1793) Bigeye Scad

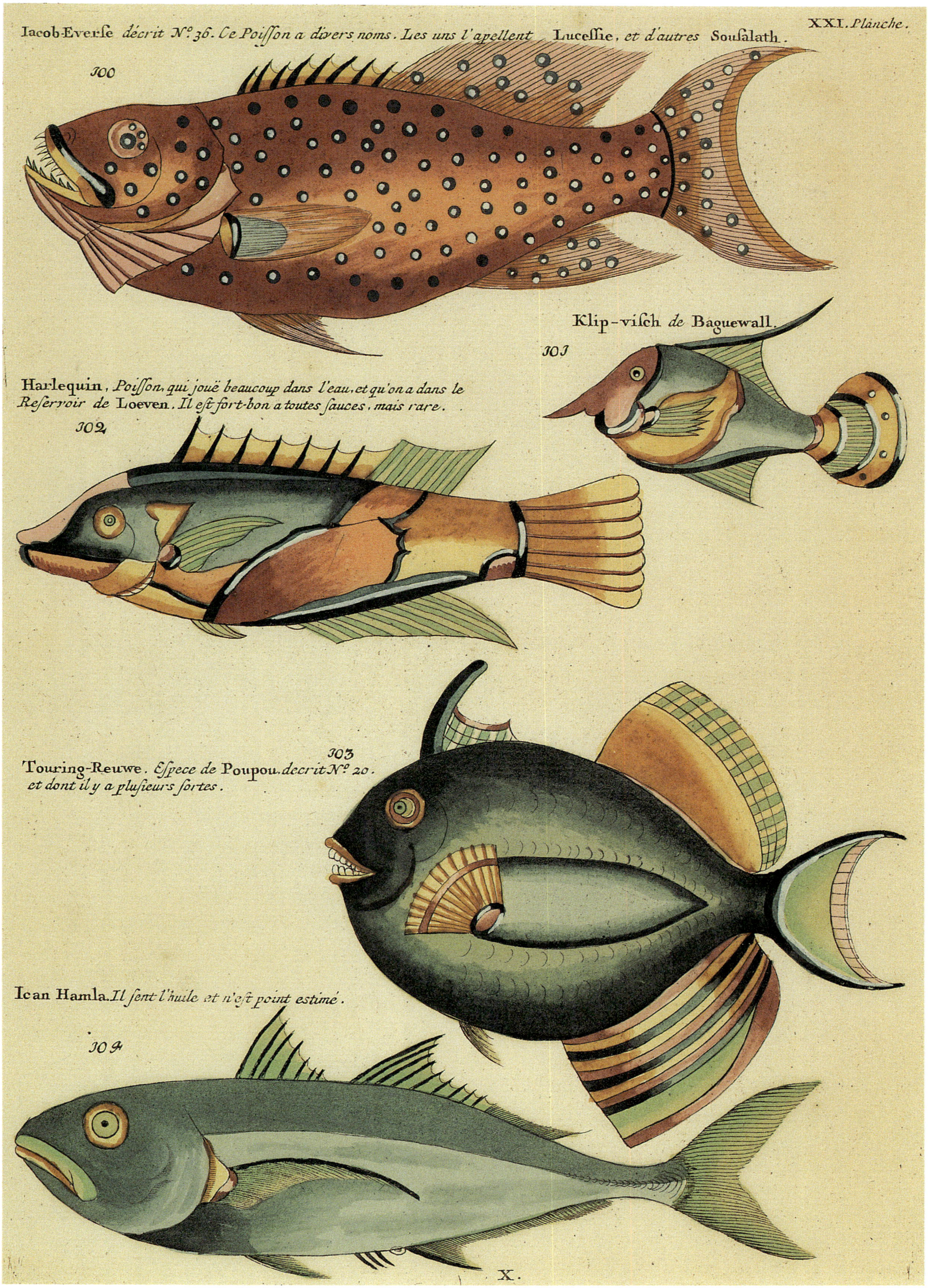
XXI. Planche.
Jacob Everse décrit N.° 36. Ce Poisson a divers noms. Les uns l'apellent Lucessie, et d'autres Sousalath.
300
Klip-visch de Baguewall.
301
Harlequin, Poisson, qui jouë beaucoup dans l'eau, et qu'on a dans le Reservoir de Loeven. Il est fort-bon a toutes sauces, mais rare.
302
303
Touring-Reuwe. Espece de Poupou. decrit N.° 20. et dont il y a plusieurs sortes.
Ican Hamla. Il sent l'huile et n'est point estimé.
304
X.

105. **Bonnetje ou Bonite d'Amboine** [d.,f.] Little Bonito or Ambon Bonito

This fish is as good as the perch.

Labridae gen. et sp. Wrasse

106. **Schol, ou Plie de Hila** [d.] Hila Plaice

A very common fish.

Unidentifiable teleost

107. **Douwing Reine** [m. *doewing*, f. *reine*] Queen Doewing

See figures 17 and 98.

Chaetodon vagabundus Linnaeus, 1758 Vagabond Butterflyfish

108. **Sauterelle de Mer** [f.] Sea Grasshopper

A species of small grasshopper of the sea called *kalkhoentje* or chicken of the Indies.

Pterois antennata (Bloch, 1787) Spotfin Lionfish

109. **Snip ou Becasse d'Amboine** [d., f.] Snipe or Ambon Woodcock

Much appreciated for its good taste, this fish makes very good pâté.

Gomphosus varius (Lacepède, 1801) Bird Wrasse

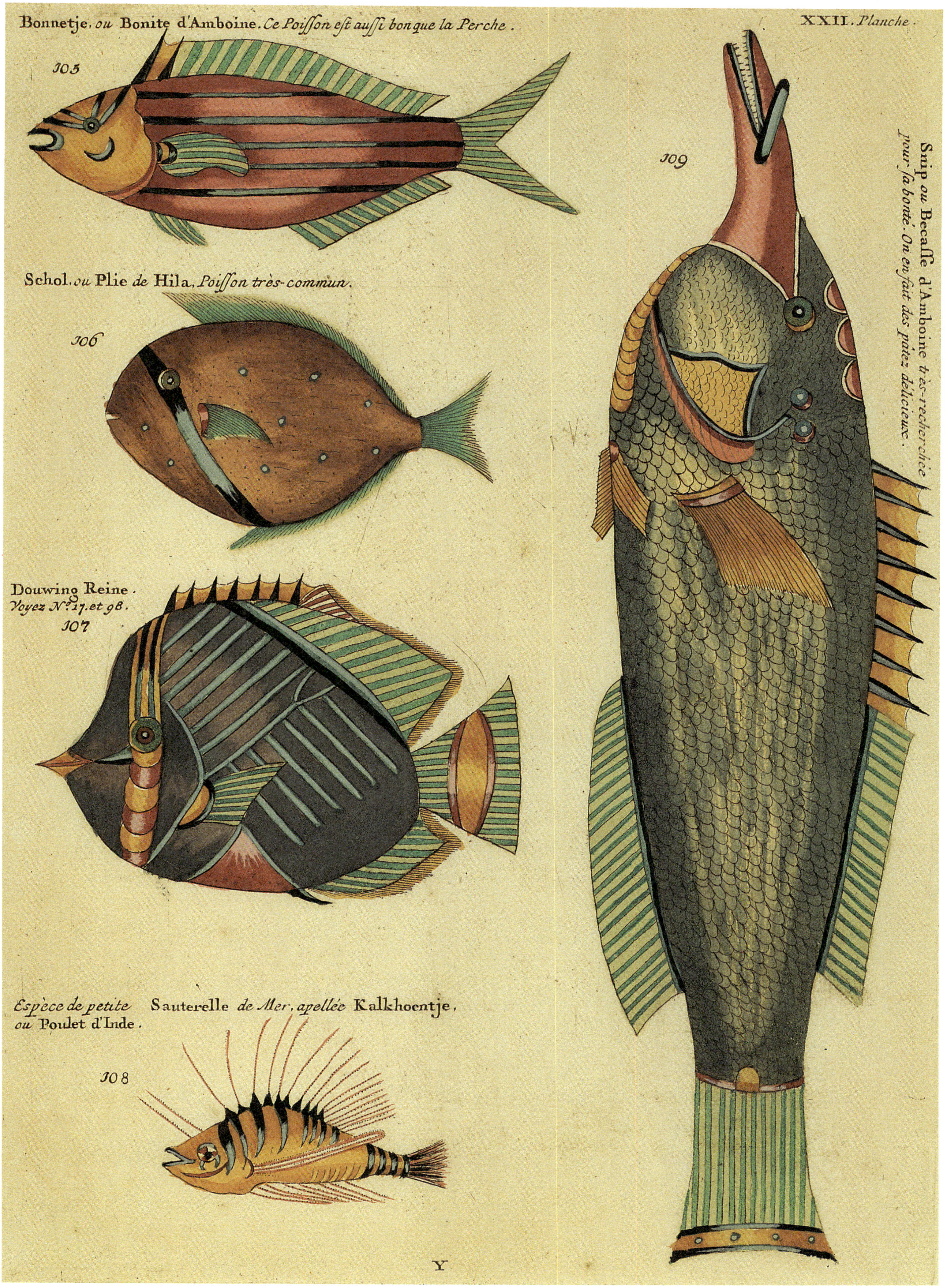
Bonnetje, ou Bonite d'Amboine. Ce Poisson est aussi bon que la Perche.
XXII. Planche.
105
Schol, ou Plie de Hila, Poisson très-commun.
106
Douwing Reine.
Voyez N.° 17. et 98.
107
Espèce de petite Sauterelle de Mer, apellée Kalkhoentje,
ou Poulet d'Inde.
108
109
Snip ou Becasse d'Amboine très-recherchée pour sa bonté. On en fait des pâtez délicieux.
Y

110. **Berg-visch** [d.] Mountain Fish

The hunchback fish, fished at the island of the Three Brothers. It is common in the month of July and is usually very small.

?*Tetrosomus gibbosus* (Linnaeus, 1758) Thornback Boxfish

111. **Knevel-Baardt** [d. *knevel, baard*] Moustache Fish

The moustache fish. It is not good to eat.

Ariidae gen. et sp. Sea Catfish

112. **Ican Potou-Banda** [m. *ikan, putu*] Banda Putu Fish

It is a white fish, very good to the taste and very abundant. It is dried and salted like codfish from Newfoundland. See figure 6.

Xyrichtys pentadactylus (Linnaeus, 1758) Five-fingered Wrasse

113. **Goujon de la Rique** [f.] Gudgeon of the Rique

It is very good.

Unidentifiable teleost

114. **Krabbe de la Baye Portugaise** [d.] Portuguese Bay Crab

It is very good and very large.

Unidentifiable oxyrhynch Spider Crab

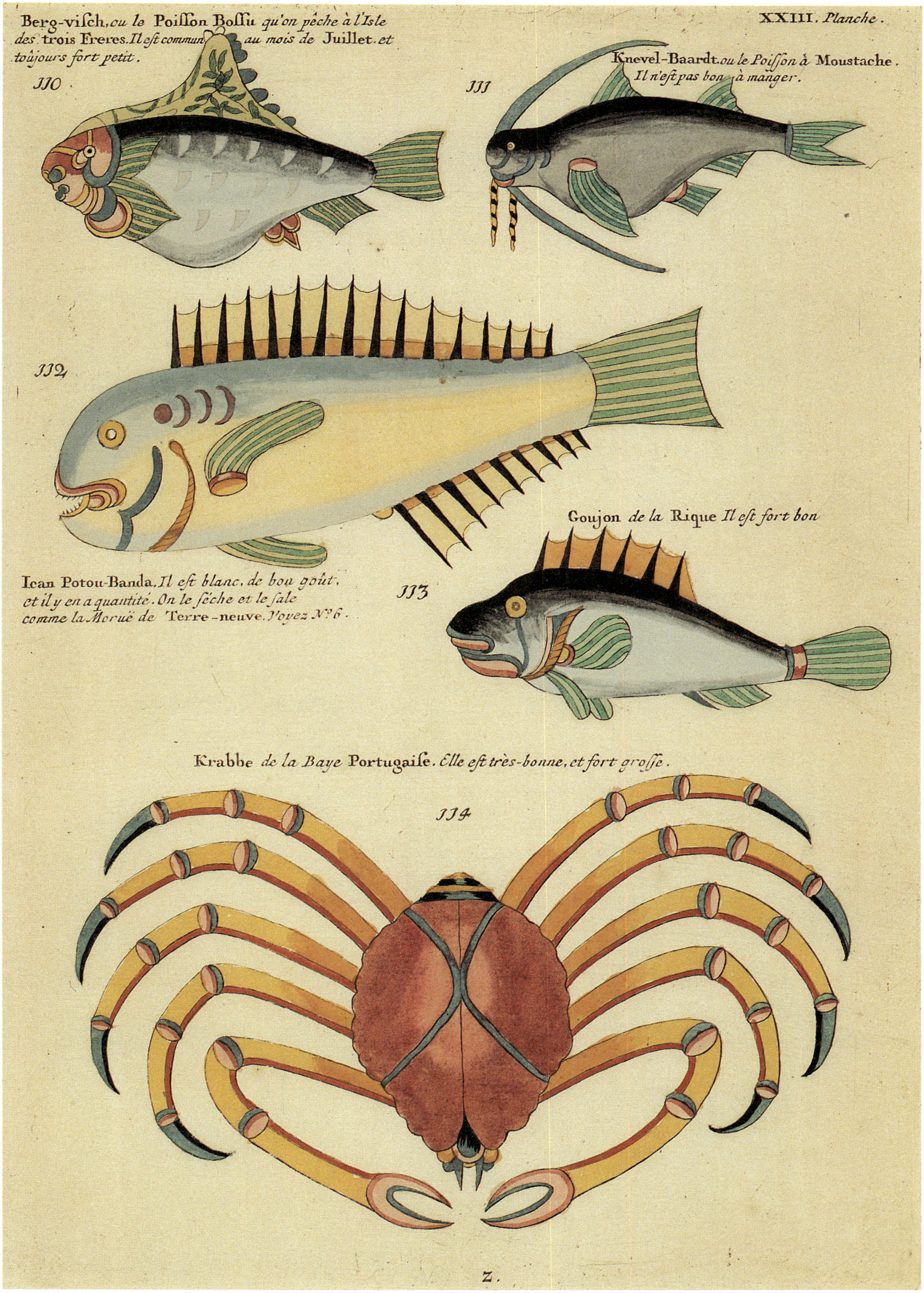
XXIII. Planche.
Berg-vifch, ou le Poiffon Boffu qu'on pêche à l'Isle des trois Freres. Il eft commun au mois de Juillet. et toûjours fort petit.
110
Knevel-Baardt. ou le Poiffon à Moustache. Il n'eft pas bon à manger.
111
112
Goujon de la Rique Il eft fort bon
Iean Potou-Banda. Il eft blanc, de bon goût, et il y en a quantité. On le féche et le fale comme la Moruë de Terre-neuve. Voyez N.° 6.
113
Krabbe de la Baye Portugaife. Elle eft très-bonne, et fort groffe.
114
Z.

115. **Tamaota** [native Brazilian vernacular] Tamoata

Drawn at the island of the Three Brothers. The blacks eat it, but it is worth nothing.

Callichthys callichthys (Linnaeus, 1758) Armored Catfish

116. **Goujon d'Amboine** [f.] Ambon Gudgeon

Very good, and diverse within the species.

?*Thalassoma lunare* (Linnaeus, 1758) Moon Wrasse

117. **Coffer-Visch** [d.] Boxfish

Discussed in figure 73.

?Scaridae gen. et sp. Parrotfish

118. **Lokkie-Lokkie** [m.] Stomatopod

The crayfish of Ambon is very delicate and quite common, but normally very green.

Lysiosquilla maculata (Fabricius, 1793) Banded Mantis Shrimp

115
Tamaota, *deſſiné à l'Isle des* Trois Freres.
Les Noirs *en mangent; mais il ne vaut rien.*

116 Goujon d'Amboine *très-bon et très-diverſifié dans ſes Espèces.*

Coffer-Viſch, *dont il est parlé N°. 73.*

117

118 Lokkie-Lokkie, Ecréviſſe d'Amboine, *très-délicate et fort commune; mais ordinairement fort verte.*

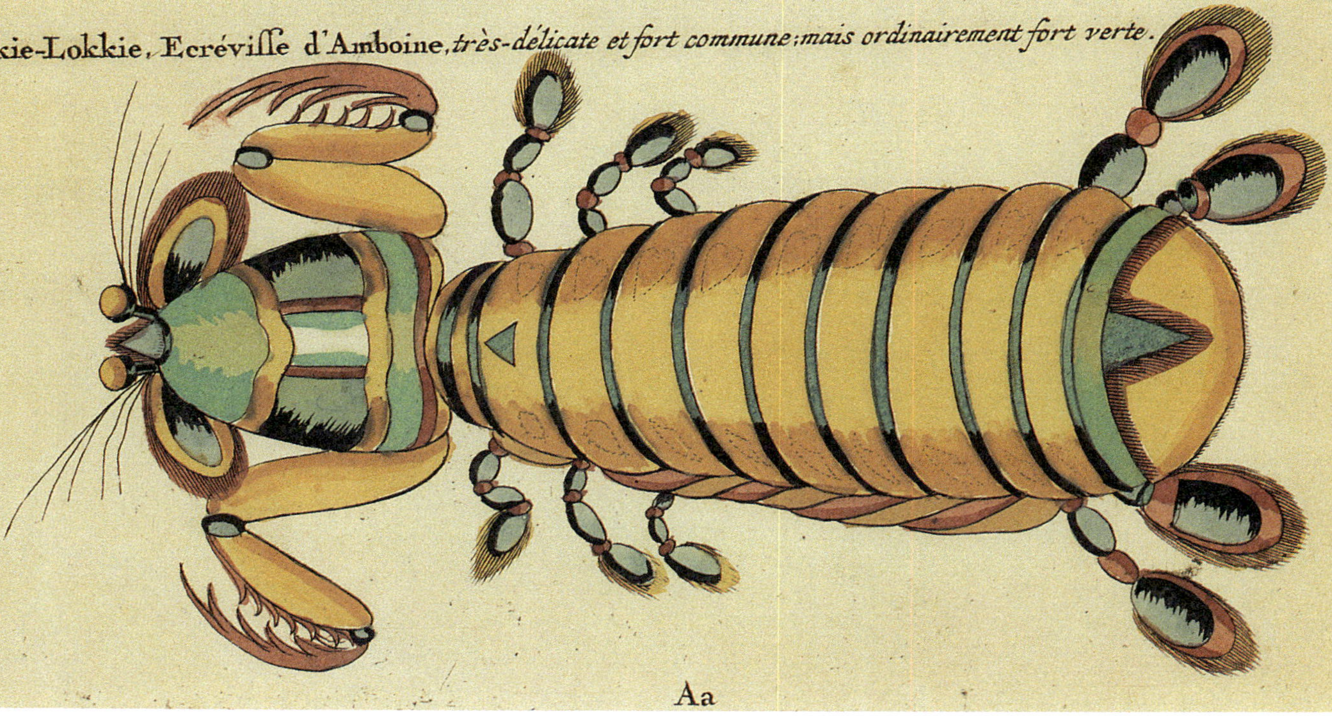

119. **Ican Honimo** [m. *ikan*] Honimo Fish

See figure 63. This one is of the same species, even though the color is very different.

Epinephalus flavocaeruleus (Lacepède, 1802) Blue-and-Yellow Grouper

120. **Dam-bordt ou l'Echiquier** [d., f.] Checkerboard Fish

There are three of them at Louven; they are sometimes called basket fish.

Halichoeres hortulanus (Lacepède, 1801) Checkerboard Wrasse

121. **Persianse Speer-Vischje** [d.] Little Persian Spearfish

See figure 75.

Heniochus sp. Bannerfish

122. **Unnamed**

See figure 91.

Acanthopagrus bifasciatus (Forsskål, 1775) Two-bar Seabream

123. **Casu-Casu de l'Isle de Louven** [m. *Kascasse*] Kascasse from the Island of Louven

The kascasse from the island of Louven is very good. There are fishes of different lengths and of very different markings. This fish is not very common, nor is it totally rare.

Balistapus undulatus (Mungo Park, 1797) Undulate Triggerfish

124. **Carcasse** [m. *kascasse*] Kascasse

See figure 29.

Canthigaster solandri (Richardson, 1844) Solander's Sharpnose Pufferfish

125. **Alforeese** [m.] Alforeese

This fish is very good with all types of sauces. This one was one foot long.

Unidentifiable teleost

XXV. Planche.
119. Ican Honimo.
Voyez N.º 63. Celui-ci est de la même Espece, quoi que de couleur très-differente.
120
Dam-bordt ou l'Echiquier.
Il y en a trois à Louven, on les nomme quelque fois Corbeille.
121
Persianse Speer-Vischje
Voyez N.º 75.
122. Voyez N.º 91.
123. Casu-Casu de l'Isle de Louven, très-bon. Il y en a de diverses grandeurs et très-diversement bigarrez.
Ce Poisson n'est pas fort commun, ni tout-à-fait rare.
124. Carcasse Voyez N.º 29.
125
Alforeese. Ce Poisson est très-bon à toutes sauces. Celui-ci etoit de la longueur d'un pied.
Bb

126. **Byter ou le Mordant d'Amboine** [d. *bijter*, f.] Ambon Biter

The blacks make provisions from it, and to preserve them better, they salt and smoke them in their own shacks. This fish is ordinarily fished in April and in September.

Scomberoides sp. Queenfish

127. **Ican-Popou de l'Isle des Trois Freres** [m. *ikan*, *puput*] Blower of the Island of the Three Brothers

It is a very good fish to eat; it is tame, and pleasant to see in the ponds.

Sufflamen bursa (Bloch & Schneider, 1801) Reef Triggerfish

128. **Bonytelaertje ou le Rameur** [d. *bonitelaar*, f.] Little Bonito or Oarsman

It is very good when boiled.

Alectis sp. Threadfin or Pompano

129. **Ican-Matte** [m. *ikan*, *mata*] Eyed Fish

It looks as if it has ten eyes on each side. This fish is much sought by collectors. See figure 75.

?*Heniochus* sp. Bannerfish

130. **Spinne-Kop-Krabbe** [d. *spinnekop*] Spider Crab

The spider crab of Ambon is good and abundant, but small.

Myra fugax (Fabricius, 1798) Pebble Crab

131. **Bonte-hoen** [d.] Pied Chicken

The pied chicken of the Rique. This fish is very good when hashed or roasted on the grill, but it should not be gutted. A butter sauce, with lemon juice, anchovy, and spices can be served with it.

Scolopsis lineatus Quoy & Gaimard, 1824 Striped Monocle Bream

126. **Byter**, *ou le* **Mordant d'Amboine.** *Les Noirs en font proviſion, et pour les mieux garder, ils les ſalent et les fument dans leurs Cabanes. Il ſe pêche ordinairement en* Avril, *et en* Septembre.

127. **Ican-Popou** *de l'Isle des* **Trois Freres.** *Il eſt très-bon à manger, familier et agréable à voir dans les Etangs.*

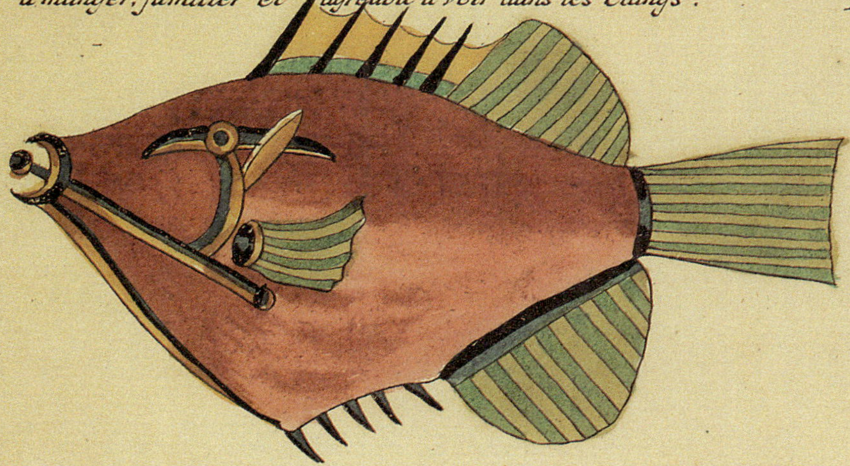

128. **Bonytelaertje** *ou le* **Rameur.** *Il eſt très-bon bouilli.*

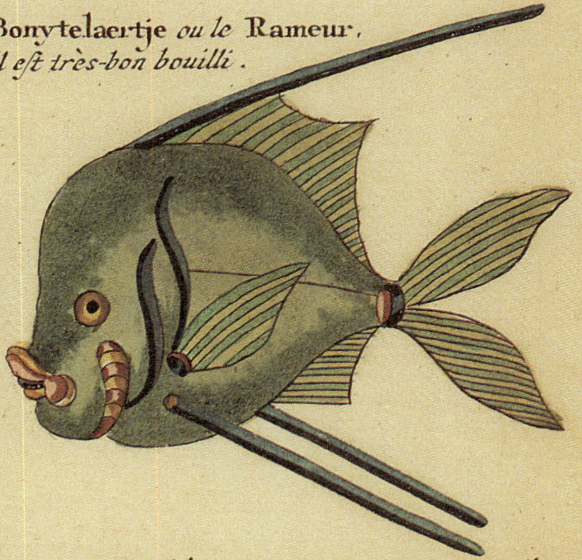

129. **Ican-Matte.** *Il a comme dix yeux de chaque côté. et il eſt fort recherché des Curieux. Voyez. N°. 75.*

130. **Spinne-Kop-Krabbe,** *ou le* **Cancre-Araignée d'Amboine.** *Il eſt bon et commun, mais petit.*

131. **Bonte-hoen,** *ou la* **Poularde marquetée** *de la* **Rique.** *Ce Poiſſon eſt exquis en fricaſſée, ou roti ſur le gril, mais il ne faut pas le vuider. On y fait une ſauſſe au beurre, avec du jus de Citron, des Anchois, et de bonnes Epices.*

132. **Cancre d'Amboine** [f.] Ambon Crab

Ambon crab, of which there is an infinity, and of colors so different that they are named coat-of-arms crab.

Myra fugax (Fabricius, 1798) Pebble Crab

133. **Boots-haacks-Visch** [d. *boots-haak*] Boathook Fish

A bad and dangerous fish of the island of the Three Brothers.

Plotosus lineatus (Thunberg, 1787) Striped Eel Catfish

134. **Benissje** [f. *bénisse*] Little Blessing

A small fish, but delicious when fresh or salted, and when prepared like anchovies as is done in Italy.

Pomacentridae gen. et sp. Damselfish

135. **Tomtombo** [m. *tomtombo*] Box Fish

A fish with a shell, different from the species marked figure 24, but of the same order. Its liver is of an extraordinary size and so fat that it is possible to take as much oil from it as its own weight.

Lactoria cornuta (Linnaeus, 1758), adult Longhorn Cowfish

132. Cancre d'Amboine, *dont il y a une infinité, et de couleurs si différentes qu'on les nomme, à cause de cela,* Cancres d'Armoiries.

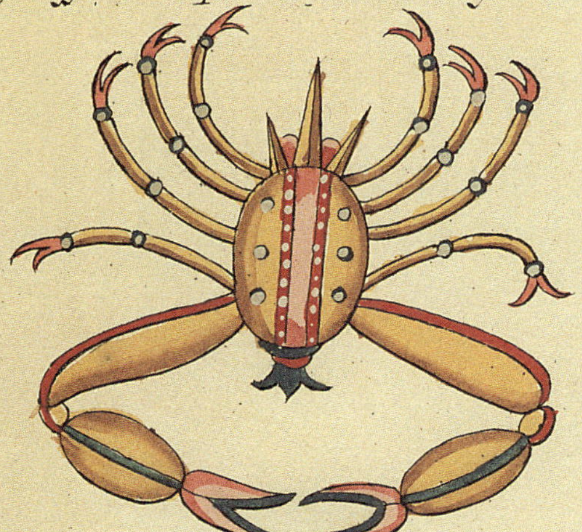

133. Boots-haacks-Visch, *ou le* Crochet, *mauvais et dangereux Poisson de l'Isle des* Trois Freres.

135. Tomtombo, *Poisson à écaille, différent de l'Espèce marquée N°. 24. mais du même ordre. Il a le foie d'une grosseur extraordinaire et si gras, qu'on en tire presque autant d'huile qu'il pese.*

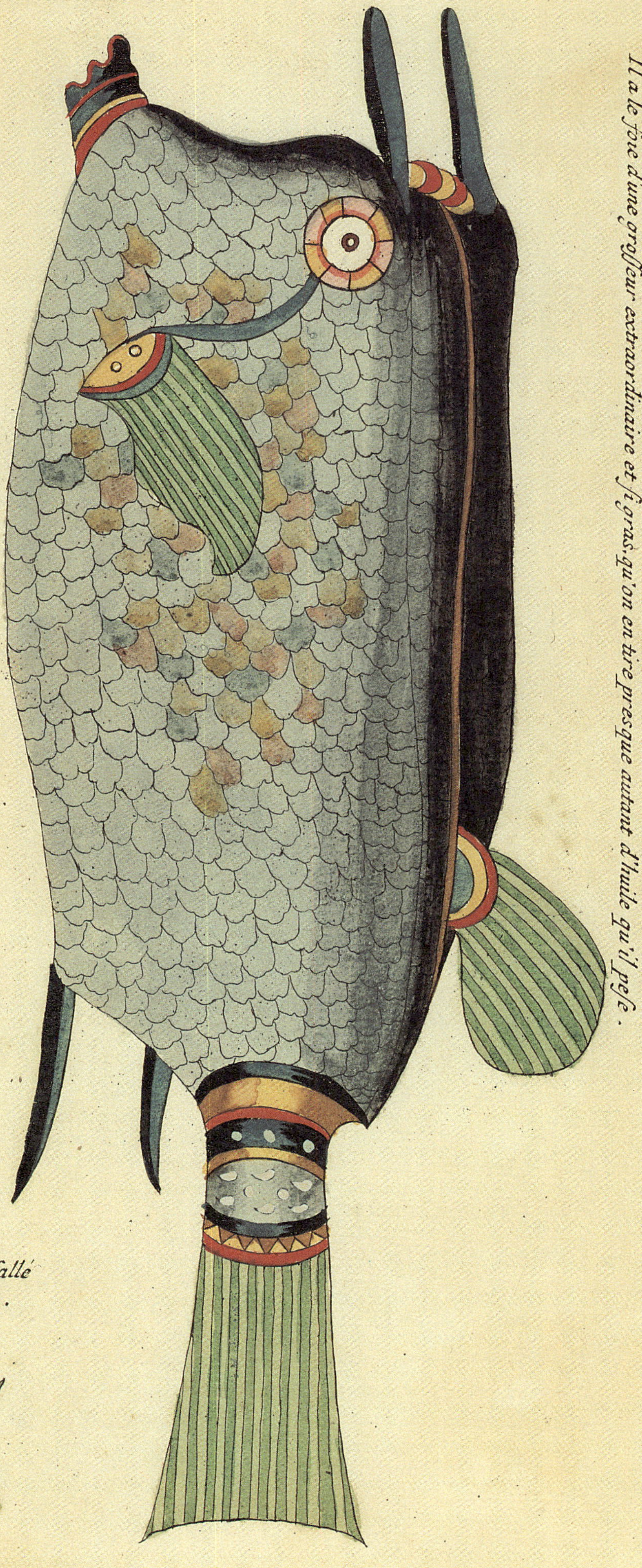

134. Benissje, *Petit Poisson; mais délicieux frais, ou sallé et aprêté comme on fait des Anchois en* Italie.

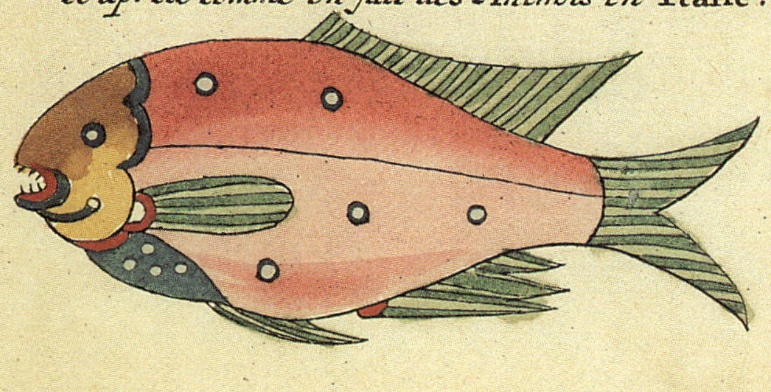

136. **Kleen Oost-Indis-vaar** [d. *Oost-Indië vaart*] Little East-India Man

A kind of blower, caught in Portuguese Bay. See figure 123.

Rhinecanthus aculeatus (Linnaeus, 1758) Humuhumu or White-barred Triggerfish

137. **Linquo** Linquo

A kind of shrimp from Ambon, very good and common.

Gonodactylus sp. Mantis Shrimp

138. **Maan-visch** [d.] Moonfish

The fish of the moon, called saraza toering [*turin-saratse*] by the natives. This fish is good only during a full moon, otherwise it is soft and skinny. A few years ago a governor of Ambon sent a very large dried individual to Amsterdam, where it is still in the storehouse of the East India Company.

Balistoides conspicillum (Bloch & Schneider, 1801) Clown Triggerfish

136. Kleen Oost-Indis-vaar, *Sorte de* Poupou, *pris à la Baye* Portugaise, *Voyez N°. 123.*

138. Maan-visch, ou Poisson de la Lune *apellé par ceux du Pais* Turin-Saratse. *Il n'est bon qu'en temps de pleine Lune, autrement il est mou et maigre. Il y a quelques années qu'un Gouverneur* d'Amboine *en envoya un sec et fort gros à* Amsterdam, *où il est encore dans le Magasin des* Indes Orientales.

137. Linquo, *sorte d'Ecrevisse* d'Amboine *très bonne et commune.*

139. **Spits-beck, Bec-pointu** [d., f.] Pointed Beak

The pointed beak is a fairly good and common fish. See figure 84. There are different kinds.

Chaetodon sp. Butterflyfish

140. **Krooper** [d. *kruipen*] Crawler

An oily fish with a bad taste.

Tetraodontidae gen. et sp. Pufferfish

141. **Babara** [m.] Babara

It is one of the best fishes in all of the Indies. It ordinarily weighs twenty or twenty-five pounds and is fairly common. It has a very white, juicy flesh. Sometimes minced meat is made out of this fish, seasoned with spices and oysters, which preserves very well in a brine of salt and vinegar.

Ulua mentalis (Cuvier, 1833) Long-rakered Trevally

141. Babara. *C'est un des meilleurs Poissons de toutes les* Indes. *Il pese ordinairement vingt ou vingt-cinq livres, et il est assez commun: il a la chair très-blanche et succulente. On en fait quelque fois des hachis, assaisonnez avec des épiceries et des huitres, et qui se conservent très-bien dans une saumûre de vinaigre et de sel.*

139. Spits-beck, Bec-pointu. *Il est assez bon et commun. Voyez N.° 84. Il y en a de diverses sortes.*

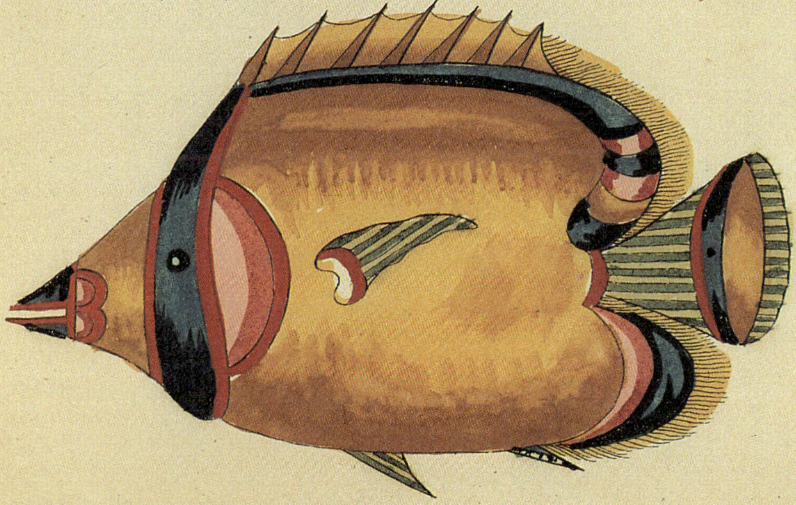

140. Krooper, *Poisson huileux et de mauvais goût.*

142. **Groote Blaser** [d. *blazer*] Great Blower

The great Ambon blower is oily and bad to the taste. It swallows a great quantity of water, which it spits back out with a great force against other fishes, in order to stun and capture them.

Triodon macropterus Lesson, 1829 Three-toothed Pufferfish

143. **Paradys-visch** [d. *paradijs*] Paradise Fish

The fish of paradise, called as such because of its goodness. See figure 43.

Labroides dimidiatus (Valenciennes, 1839) Cleaner Wrasse

144. **Goujon de Baguewall** [f.] Baguala Gudgeon

Very good.

?*Sargocentron* sp. Squirrelfish

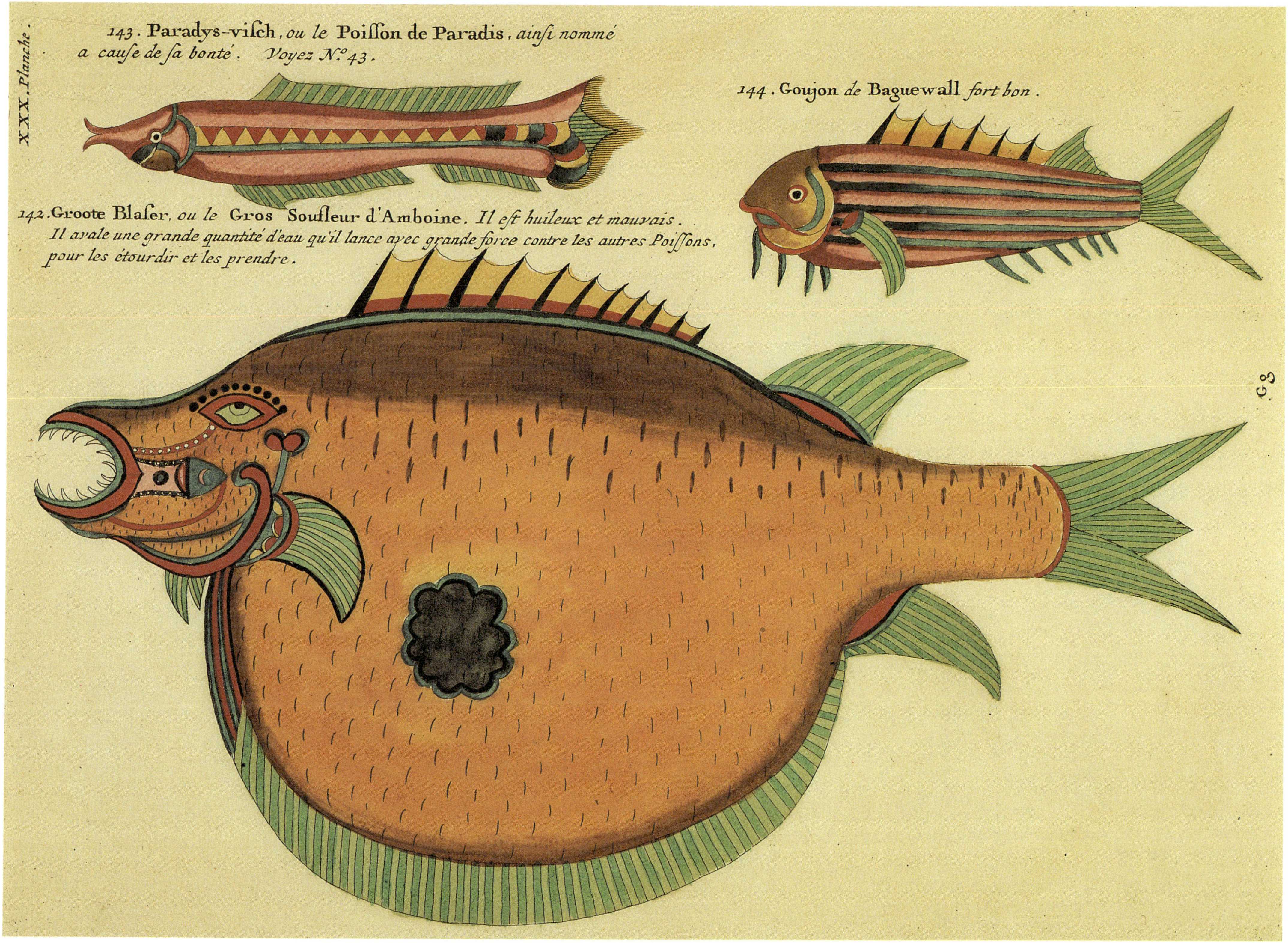
XXX. Planche.
143. Paradys-visch, ou le Poisson de Paradis, ainsi nommé a cause de sa bonté. Voyez N.° 43.
144. Goujon de Baguewall fort bon.
142. Groote Blaser, ou le Gros Souffleur d'Amboine. Il est huileux et mauvais. Il avale une grande quantité d'eau qu'il lance avec grande force contre les autres Poissons, pour les étourdir et les prendre.

145. **Douwing Duc** [m. *doewing*, f.] Duke Doewing

See figure 98.

Chaetodon auriga Forsskål, 1775 Threadfin Butterflyfish

146. **Groote Tyger** [d. *tijger*] Great Tiger

The great tiger is very white and has a good flavor. It is very common in all the Moluccan Islands. This one is one of the most beautiful fishes I have seen.

Plectorhynchus lineatus (Linnaeus, 1758) Lined Sweetlips

147. **Leer-visch** [d.] Leatherfish

The fish dressed in leather is excellent and of a fairly good size. It is fished at Kayman's Hook. It has such a thick and hard skin that it has to be skinned so one can cook and eat it. It is no less good than the turbot. Its leathery skin can be tanned and made into shoes.

Naso lituratus (Schneider, 1801) Orange-spine Unicornfish

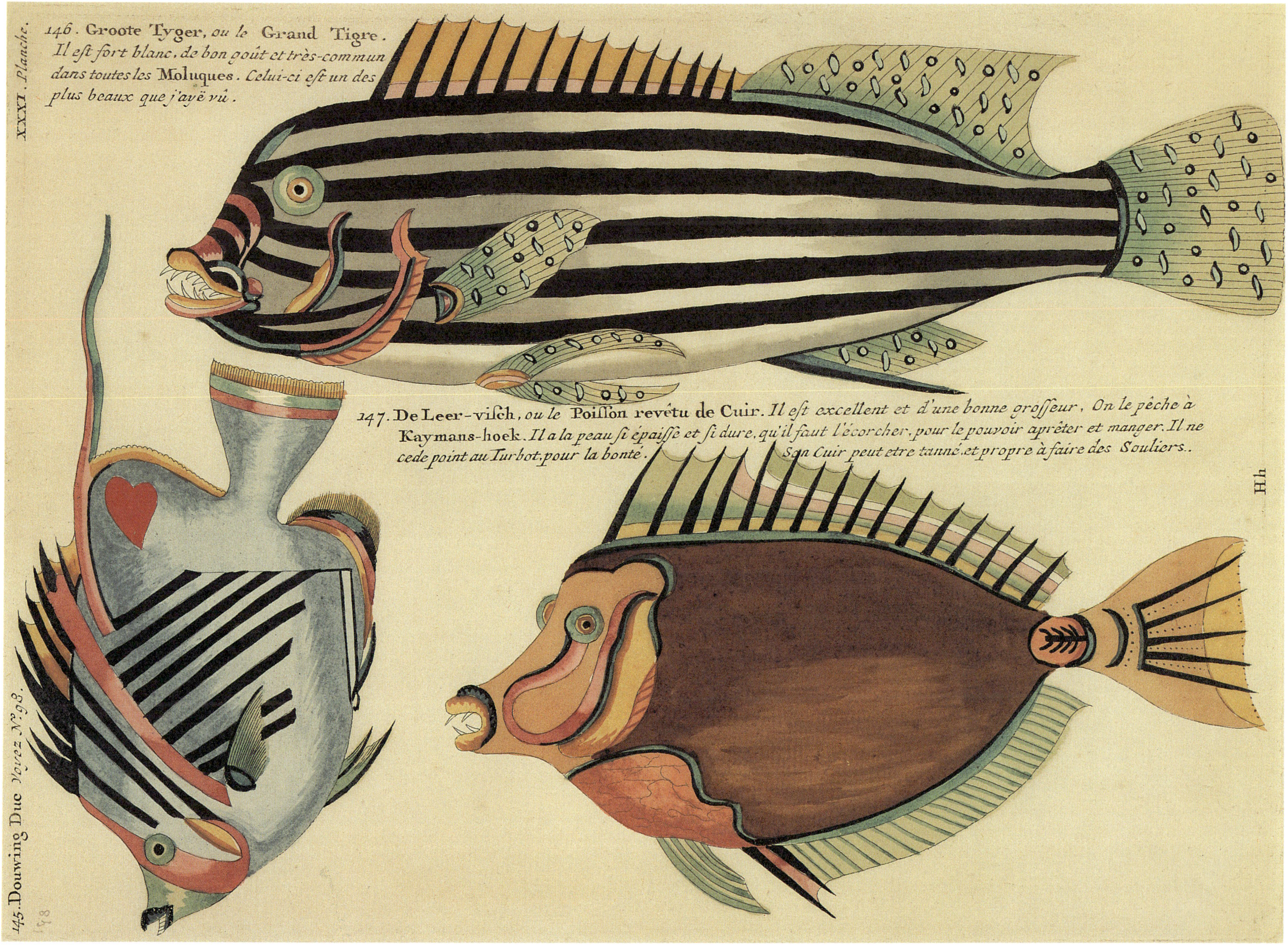
XXXI. Planche.
146. Groote Tyger, ou le Grand Tigre. Il est fort blanc, de bon goût et très-commun dans toutes les Moluques. Celui-ci est un des plus beaux que j'ayë vû.
147. De Leer-visch, ou le Poisson revêtu de Cuir. Il est excellent et d'une bonne grosseur. On le pêche à Kaymans-hoek. Il a la peau si épaisse et si dure, qu'il faut l'écorcher, pour le pouvoir aprêter et manger. Il ne cede point au Turbot, pour la bonté. Son Cuir peut etre tanné, et propre à faire des Souliers.
145. Douwing Duc Voyez N.º 98.
Hh

148. **Petit Tomtombo** [f. *petit*, m. *tomtombo*] Little Box Fish

A species of that marked figure 73.

?Scaridae gen. et sp. Parrotfish

149. **Douwing Demoiselle** [m. *doewing*, f.] Young Lady Doewing

It is a special dish for women, who salt this fish, dry it in the sun, and after having skinned it, eat it for a delicacy along the streets and on the doorsteps of their houses.

Chaetodon sp. Butterflyfish

150. **Moron Boussouck** [m. *moron*, d. *boesoek*] Rotten Moron

See figure 10. This one is of the same species.

Unidentifiable teleost

151. **Piquier** [f. *piquer*] Pikeman

See figure 75.

Heniochus sp. Bannerfish

152. **Douwing Baronne** [m. *doewing*, f.] Baroness Doewing

See figure 86.

?*Pomacanthus imperator* (Bloch, 1787) Emperor Angelfish

148. Petit Tomtombo. *de l'espece marquée N°. 73.*
XXXII. *Planche.*
149. Douwing Demoiſelle. *C'eſt un ragoût particulier pour les Femmes qui ſallent ce Poiſſon, le font ſécher au Soleil, et après en avoir ôté la peau, le mangent par délicateſſe le long des rues, et ſur les portes de leurs maiſons.*
150. Moron Bouſſouck. *Voyez No. 10.*
Celui-ci eſt de la même Eſpece.
151. Piquier
Voyez N°. 75.
152. Douwing Baronne *Voyez N°. 86.*
Ii

153. **Ican Radi** [m. *ikan, radjah*] Kingfish

Kingfish or the net of the Straits of Baguala. It is a tasty fish, but it has to be skinned because its skin is very tough. There are different kinds of these *ikan radi*, which appear to have a net crocheted on their skin.

Abalistes stellatus (Lacepède, 1798) Starry Triggerfish

154. **Parkiet** [d.] Parakeet

The parrotfish of Haruku is also called wolf because it is extremely voracious. This fish is common, good to eat, and there are several of an incredible beauty. See figures 9, 59, and 160.

?*Coris gaimard* (Quoy & Gaimard, 1824) Yellowtail Coris

155. **Sauterelle—male d'Amboine** [d.] Male Grasshopper of Ambon

A male grasshopper of Ambon, with a length of thirteen inches, and teeth capable of cutting the fingers of those who touch it. There is an infinity of them. They advance in troops, swim in the rivers, devour fruits, destroy the plants, and often devastate the entire country. See the female, figure 166.

Phasma gigas (Linnaeus, 1758) Giant Winged Walkingstick

153 . Ican Radi *ou* le Filet *du Paſſage de* Baguewal . *Il eſt bon mais il faut l'écorcher, parce que la peau en eſt très-dure . Il y a diverſes ſortes de ces* Icans Radi *qui ont comme un filet brodé ſur la peau .*

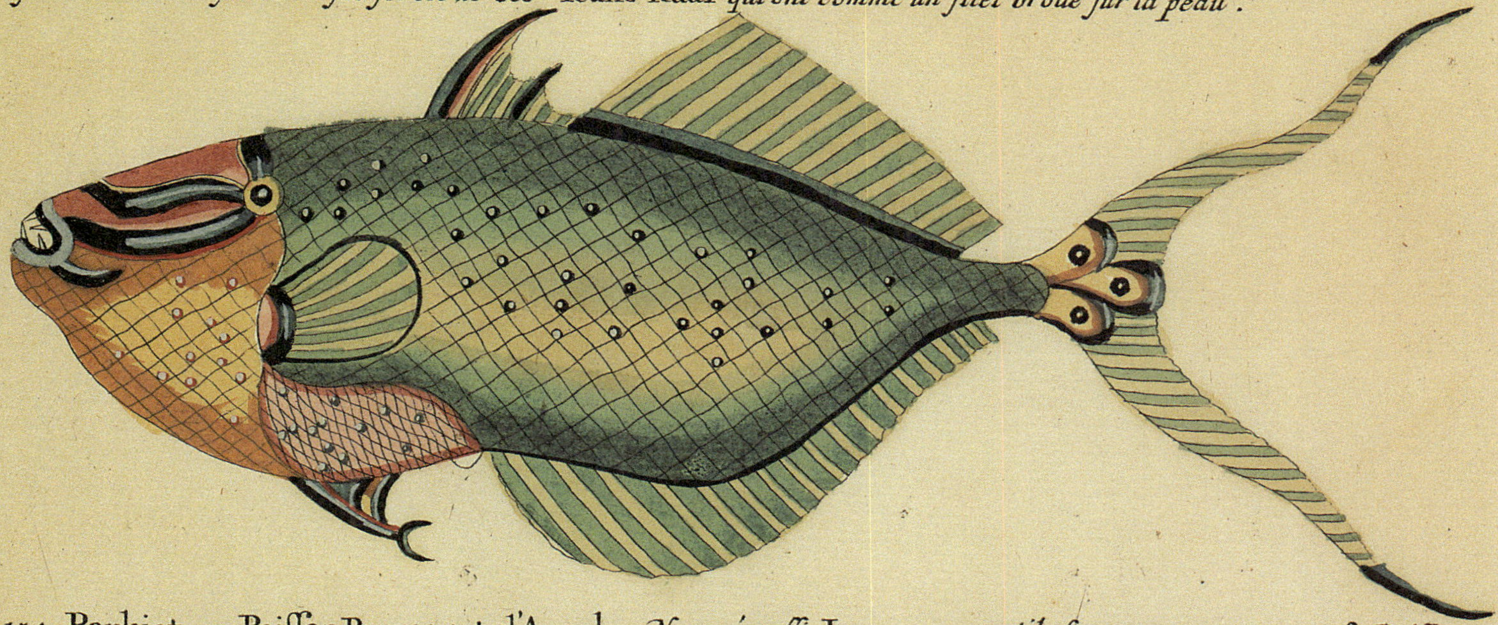

154 . Parkiet *ou* Poiſſon Perroquet d'Aroeke . *Nommé auſſi* Loup, *parce qu'il eſt extremement vorace . Ce Poiſſon eſt commun, bon à manger, et il s'en trouve pluſieurs qui ſont d'une beauté incroyable . Voyez N.° 9 . 59 et 160 .*

155 . Sauterelle - male d'Amboine *longue de treize pouces, et qui a des dents capables de couper les doigts à ceux qui les touchent . Il y en a une infinité . Elles marchent par troupes, nagent ſur les rivieres, devorent les fruits, gatent les plantes et deſolent ſouvent toute la Campagne . Voyez la femelle N.° 166 .*

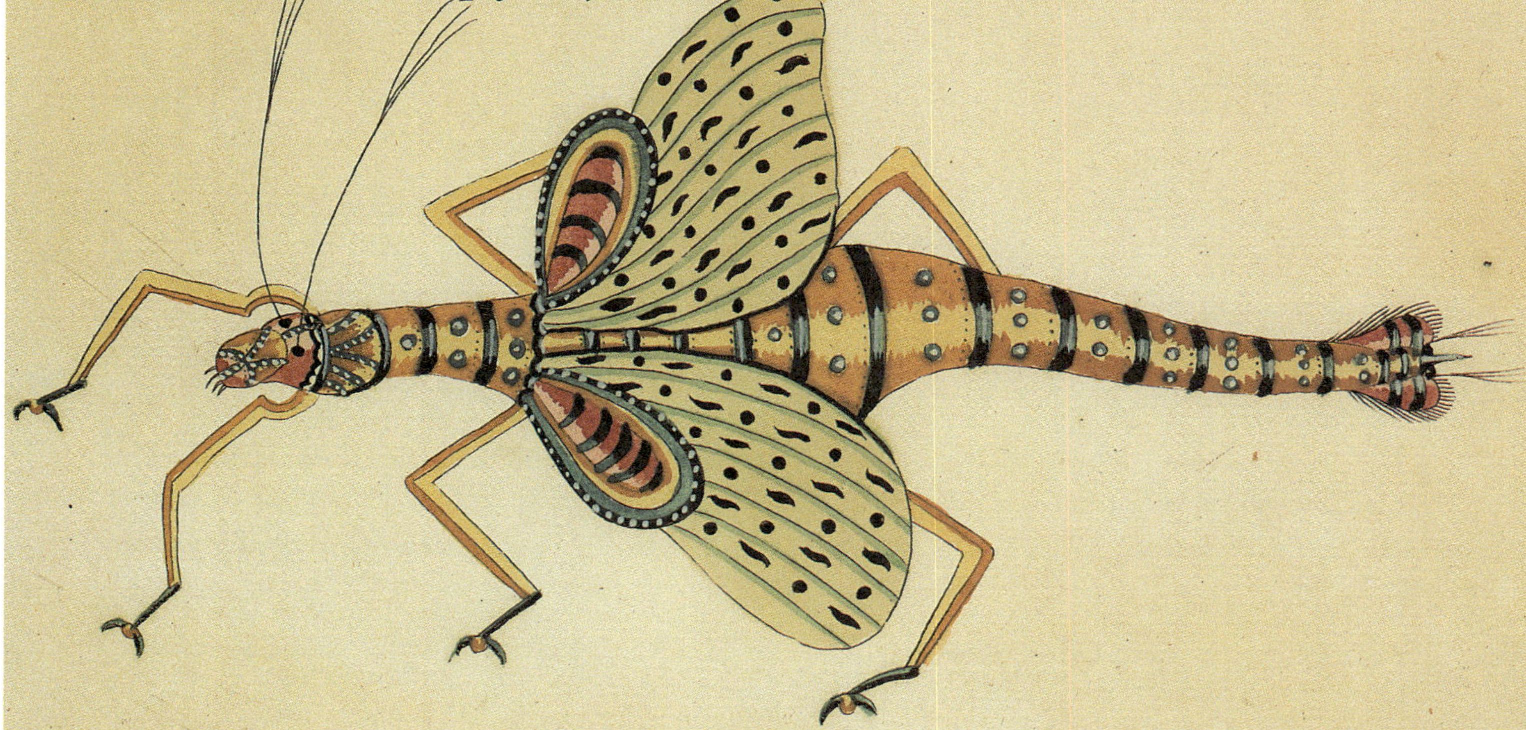

156. **Klip-vischje** [d.] Little Rockfish

It is amply discussed in the comments for figures 5 and 7.

Acanthurus lineatus (Linnaeus, 1758) Lined Surgeonfish

157. **Gros Poupou Indien bigarré** [m. *puput*, f. *bigarré*] Large Variegated Indian Blower

See figure 136.

Rhinecanthus verrucosus (Linnaeus, 1758) Black-bellied Triggerfish

158. **Saag-visch** [d.] Sawfish

The sawfish, a very good species of perch from the Red Mountain. There are a number of these fishes variously armed with this saw.

?Monacanthidae gen. et sp. Filefish

159. **Keysers Krabbe** [d.] Emperor Crab

Imperial crab of the Rique. Not very common, but of which there are, however, several in Holland, sent from Ambon out of curiosity.

Portunus sanguinolentus (Herbst, 1796) Redspot Swimming Crab

156. Klip-viſchje. *Petit poiſſon des Roches dont il eſt parlé amplement à la Remarque N°. 5. et 7.*

157. *Gros* Poupou Indien *bigarré. Voyez N°. 136.*

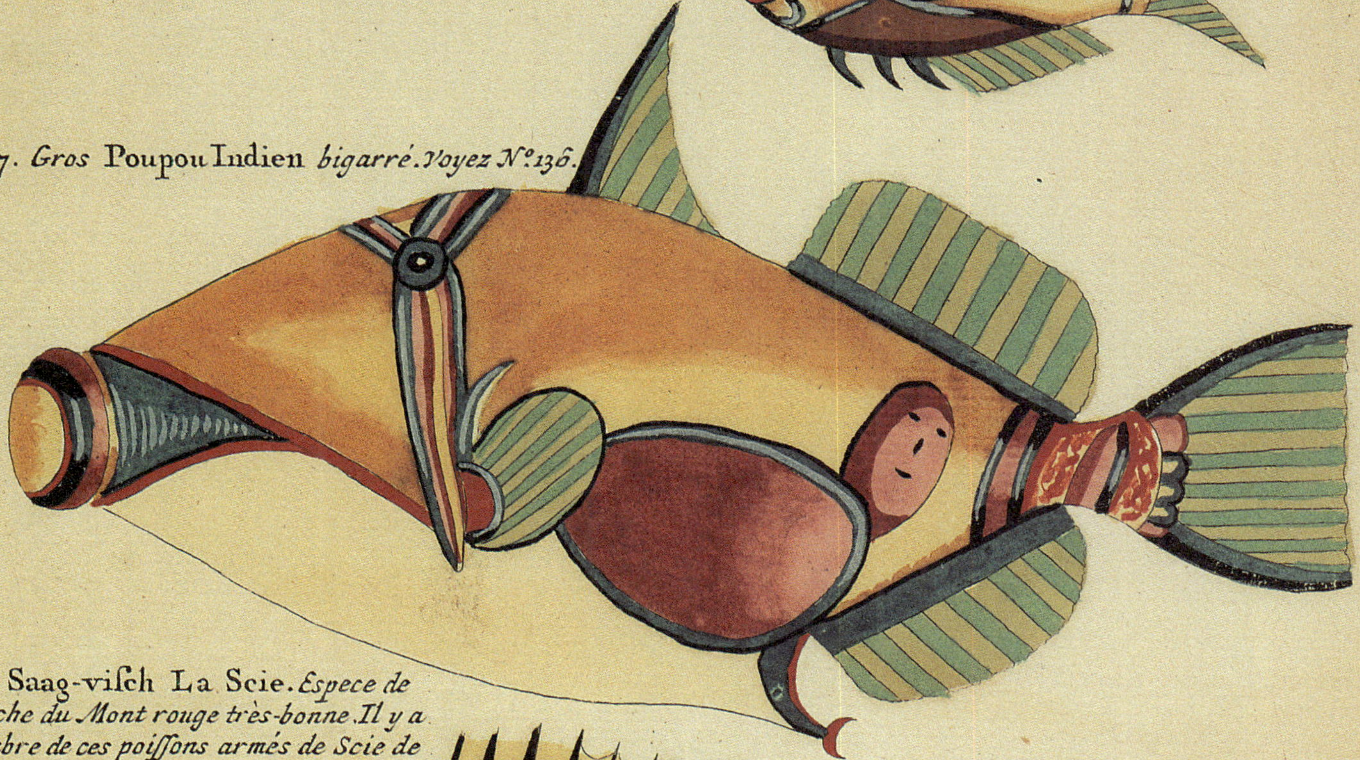

158. Saag-viſch La Scie. *Eſpece de Perche du Mont rouge très-bonne. Il y a Nombre de ces poiſſons armés de Scie de differentes manieres.*

159. Keyſers Krabbe *ou* Krabbe Imperiale *de* la Rique, *peu commune mais dont il y a pourtant pluſieurs en Hollande où elles ont été envoyées d'Amboine par curioſité.*

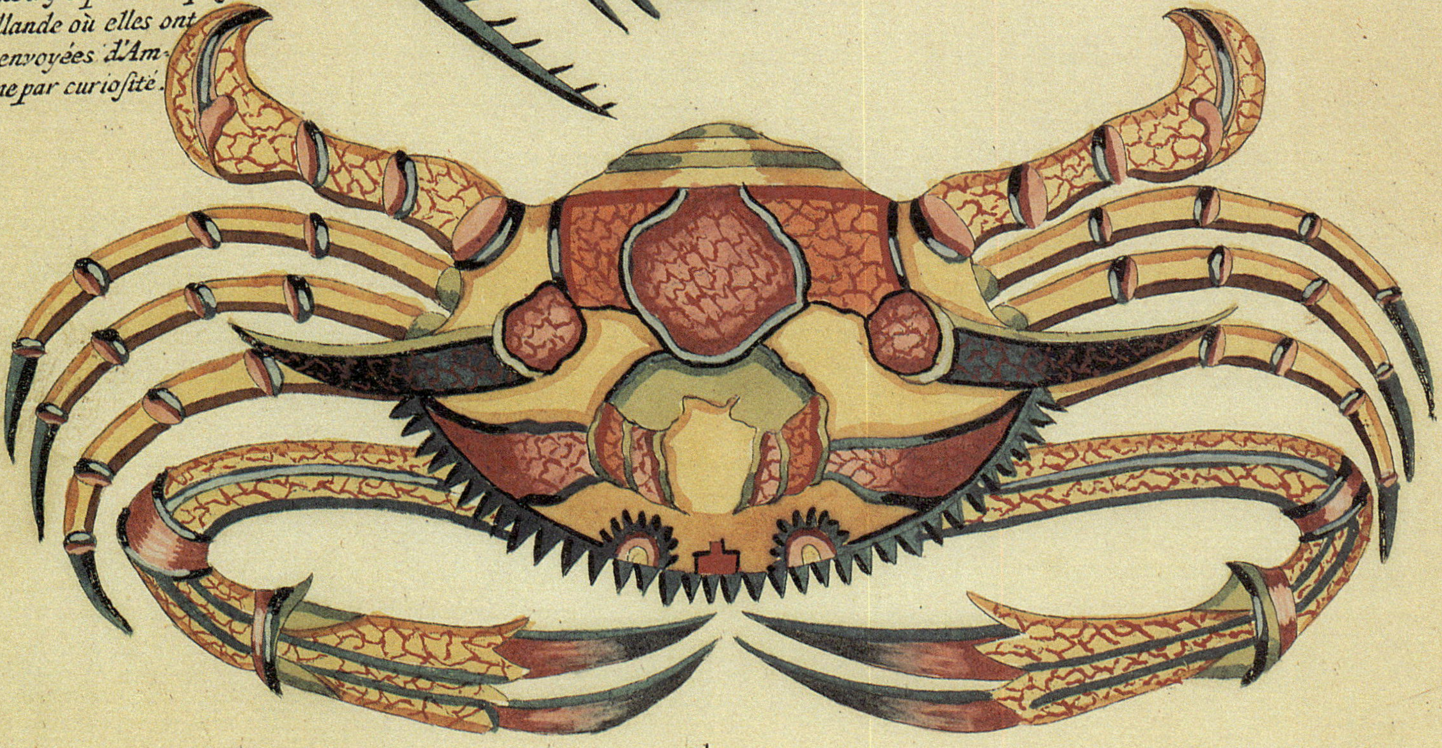

160. **Perkiet du Mont Rouge** [d. *parkiet*] Red Mountain Parakeet

See remark, figure 154.

Coris gaimard (Quoy & Gaimard, 1824) Yellowtail Coris

161. **Espece d'Herisson** [f.] A species of Hedgehog

A species of hedgehog drawn at Evenketyl. The blacks make parade hats for their festivals from the skin of this fish. See also remark, figure 25.

Diodon sp. Porcupinefish

162. **Vliegende Saag-visch** [d.] Flying Sawfish

The flying sawfish of Loeven. The Moors eat it in the form of a great stew.

Unidentifiable teleost

160. Perkiet *du* Mont Rouge, *voyez la Remarque N°. 154.*

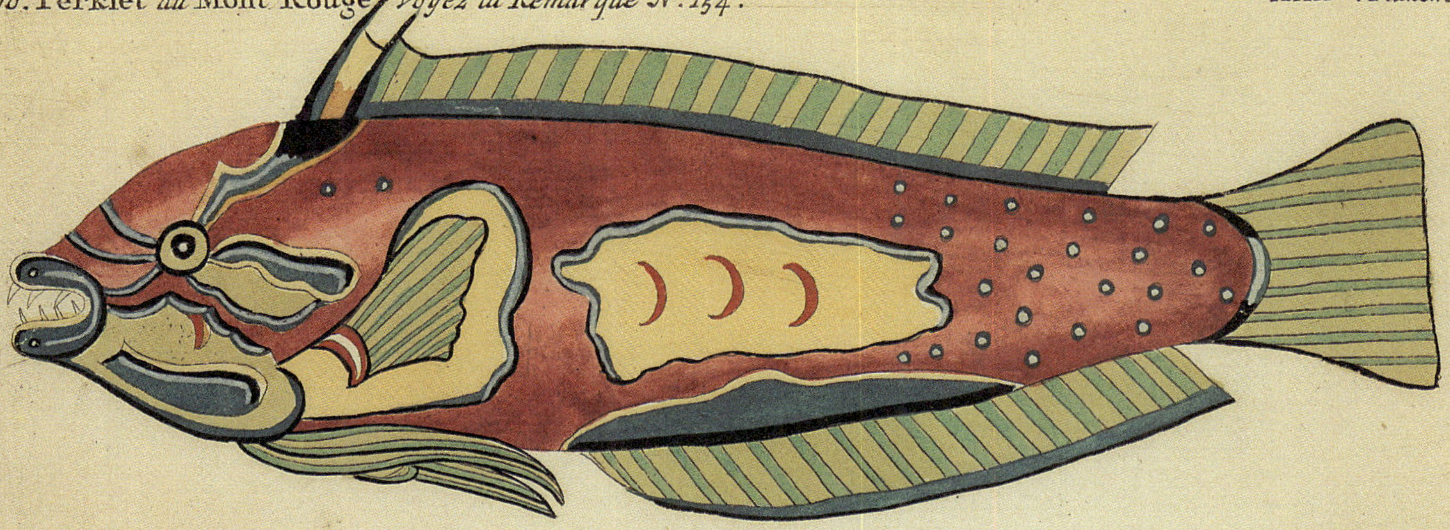

161. *Espece d'* Heriſſon *deſſiné à* Evenketyl. *Les Noirs s'en font avec la peau des bonnets de parade dans leurs fêtes voyez auſſi la Remarque N°. 25.*

162. Vliegende Saag-viſch. La Scie volante *de* Loeven. *Les Mores en mangent comme un grand ragout.*

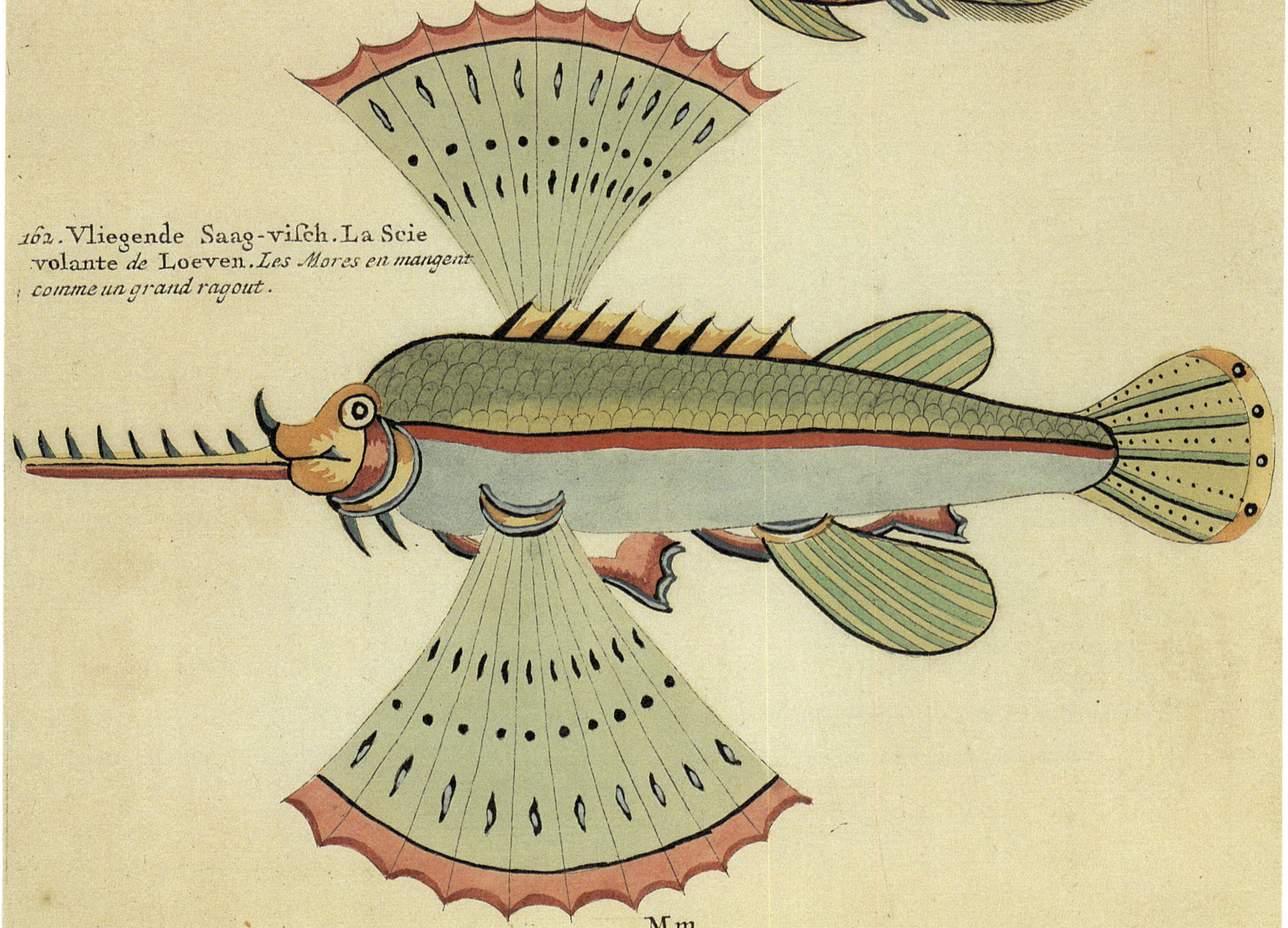

163. **Beer-Visch** [d.] Bearfish

The bear of Honimo. It is smelly and oily, but the blacks eat quite a lot of this kind of fish, salted and smoked in their provisions.

Monacanthidae gen. et sp. Filefish

164. **Perche de Hila** [f.] Hila Perch

This is a very good fish.

Unidentifiable teleost

165. **Poisson des Roches** [f.] Rockfish

See remarks, figures 5 and 94.

Oxymonacanthus longirostris (Bloch & Schneider, 1801) Long-snouted Filefish

163. Beer-Visch. L'Ours de Honimo. *Il est puant et huileux. Cependant les Noirs en mangent beaucoup de Salez et fumez pour leur provision.*

164. Perche de Hila. *C'est un très-bon poisson.*

165. Poisson des Roches. *Voyez la Remarque N.° 5. et N.° 94.*

166. **Sauterelle d'Amboine** [f.] Ambon Grasshopper

See remarks, figure 155.

Phasma gigas (Linnaeus, 1758) Giant Winged Walkingstick

167. **Peer-krabbe, Cancre Poirre** [d., f.] Pear Crab

This one was found at Evenketyl on the roof of a house. It is a terrestrial crab, of which there are many species in the Moluccan Islands. They live on spiders and caterpillars, which they hunt on trees, where they climb like snails with their shells.

Ranina ranina (Linnaeus, 1758) Red Frog Crab

168. **Krabbe d'Arbre** [f.] Tree Crab

Tree crab drawn at Ambon. There are more of these terrestrial crabs than there are mice; they are of different shapes, but are not worth anything.

?*Notopus dorsipes* (Linnaeus, 1758) Frog Crab

166. Sauterelle d'Amboine. *Voyez la Remarque N°. 155.*

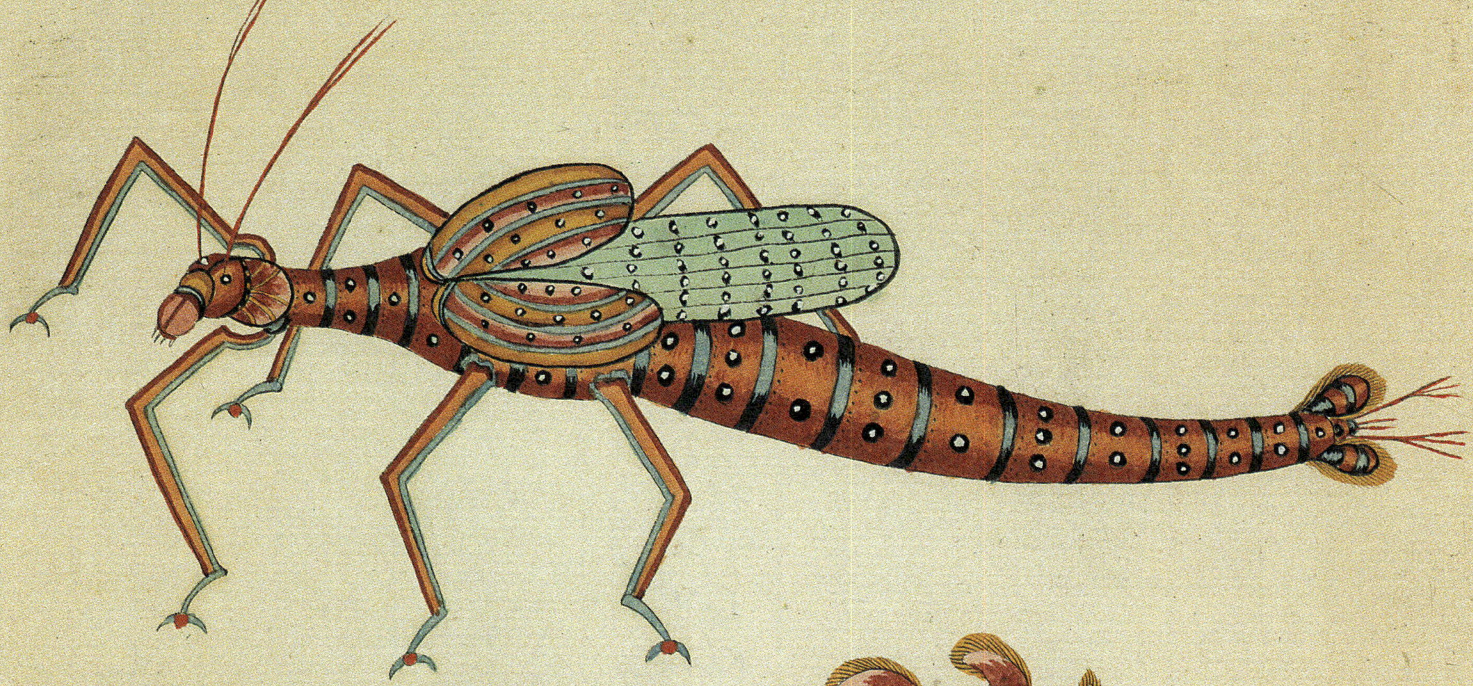

167. Peer-krabbe. *Le* Cancre Poirre. *Celuy-cy a été trouvé à* Evenketyl *ſur le toit d'une Maiſon. C'eſt une Krabbe terrestre dont il y a beaucoup d'especes aux Moluques. Elles vivent d'areignées et de chenilles, qu'elles vont chercher ſur les arbres où elles grimpent comme les Limaçons avec leurs Coquilles.*

168. Krabbe d'Arbre *deſſinée à Amboine. Il y a plus de ces Cancres terrestres que de Souris: et elles ſont de figures fort differentes: maiselles ne vallent rien.*

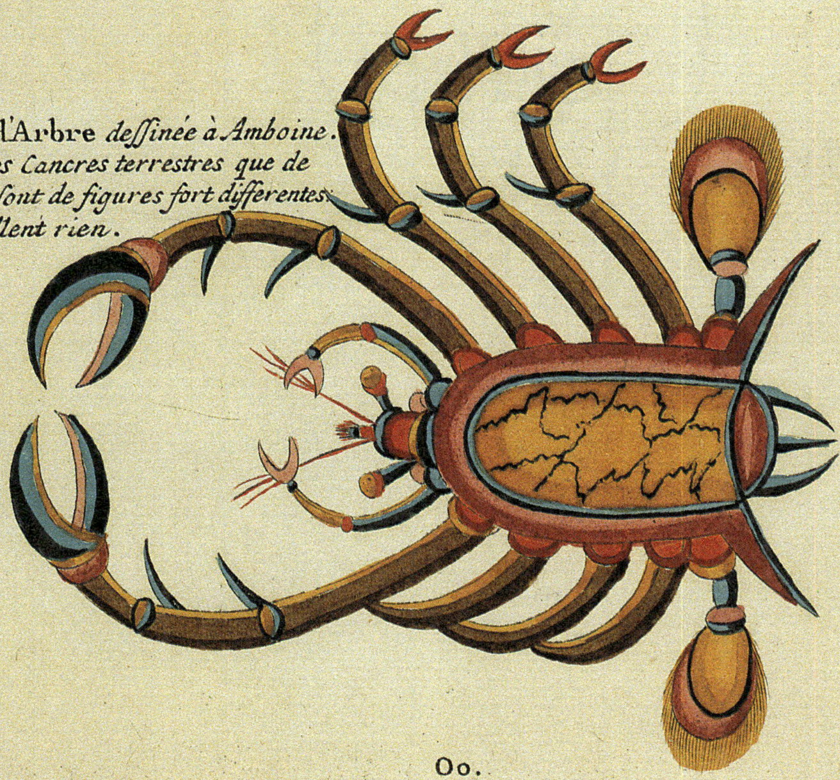

169. **Chietse-visch ou la Toille Peinte** [d., f.] Painted Canvas

The painted canvas from the island of the Three Brothers, called such because of its rays and colors, which are of an inimitable beauty. This fish is good but not very common. Even though they resist the long trip with difficulty, they are placed in porcelain jars and given as presents in Batavia and other places.

Pygoplites diacanthus (Boddaert, 1772) Regal Angelfish

170. **Caantie** Caantie

This fish is peculiar to the island of Manipe. It is dried and then roasted on the grill in paper greased with butter. It has a taste close to that of lamb chops.

Acanthuridae gen. et sp. Surgeonfish

171. **Kikvorst** [d. *kikvors*] Frog

The frog of Manipe is very venomous and not very common.

Antennariidae gen. et sp. Frogfish

169. De Chietſe-viſch *ou* La Toille peinte *de l'Isle des Trois-freres ainſi nommé a cauſe de ſes rayes et couleurs qui ſont d'une beauté inimitable. Ce Poiſſon eſt bon mais peu commun. On en fait des preſents à Batavia et ailleurs, en les y envoyant dans des vaſes de Porcelaine, quoy qu'ils reſiſtent difficilement à la longueur du voyage.*

170. Caantie. *Poiſſon particulier de l'isle de* Manipe. *On le fait ſecher, puis on le met rottir ſur un gril dans du papier graiſſé de beure, et il a le gout aprochant de celui des Cotelettes de Mouton.*

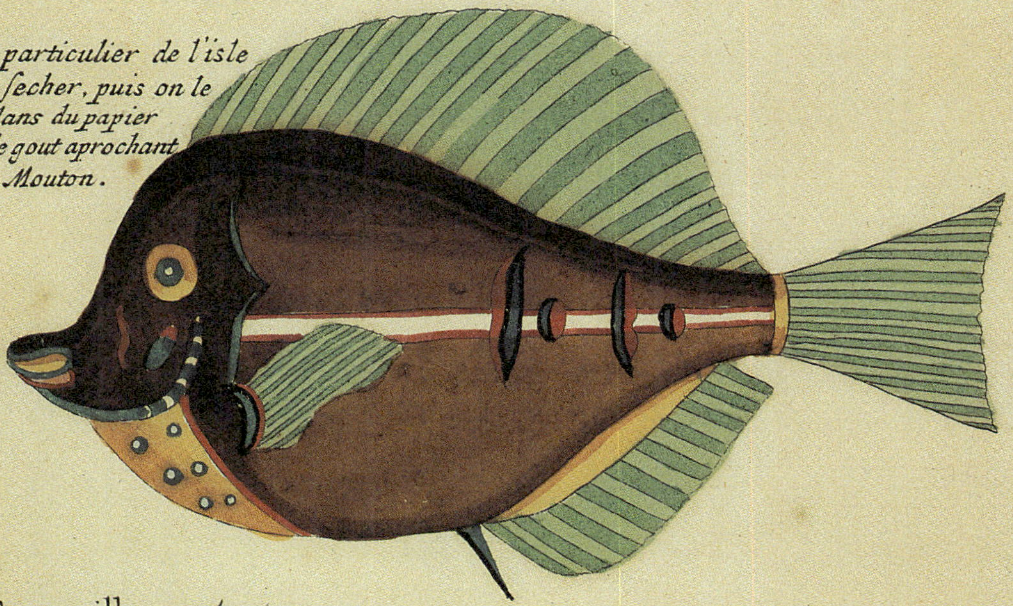

171. Kikvorſt. *La* Grenouille de Manipe *fort venimeuſe, et peu commune.*

172. **Krabbe Marinne d'Amboine** [f.] Marine Crab of Ambon

There are so many different species with so many different colors that one could draw two thousand of them without fear of repeating one. This one is called *blom-krabbe* (flower crab). There are some of several colors in the cabinets of collectors in Holland.

Portunidae gen. et sp. Swimming Crab

173. **Speer-visch** [d.] Spearfish

Moorish idol. See remarks, figures 44 and 75.

Zanclus cornutus (Linnaeus, 1758) Moorish Idol

174. **Lakaytie** [d. *lakei*] Little Footman

The little footman of Ambon, named thus because it likes to follow the fishes of the kind explained in figures 17, 98, 107, etcetera, to which were given many names of nobility, such as queen, countess, admiral, etcetera. The little footman is an excellent fish, but their colors—livery, so to speak—are often very different.

Pseudanthias pleurotaenia Bleeker, 1857 Blotched Fairy Basslet

172. Krabbe Marinne d'Amboine. *Il y en a de tant d'especes et de couleurs ſi differentes qu'on pourroit en deſſiner deux mille ſans craindre qu'une ſoit ſemblable à l'autre. On apelle celle-cy* Blom-Krabbe *Il y en a de pluſieurs couleurs dans les Cabinets des Curieux en Hollande.*

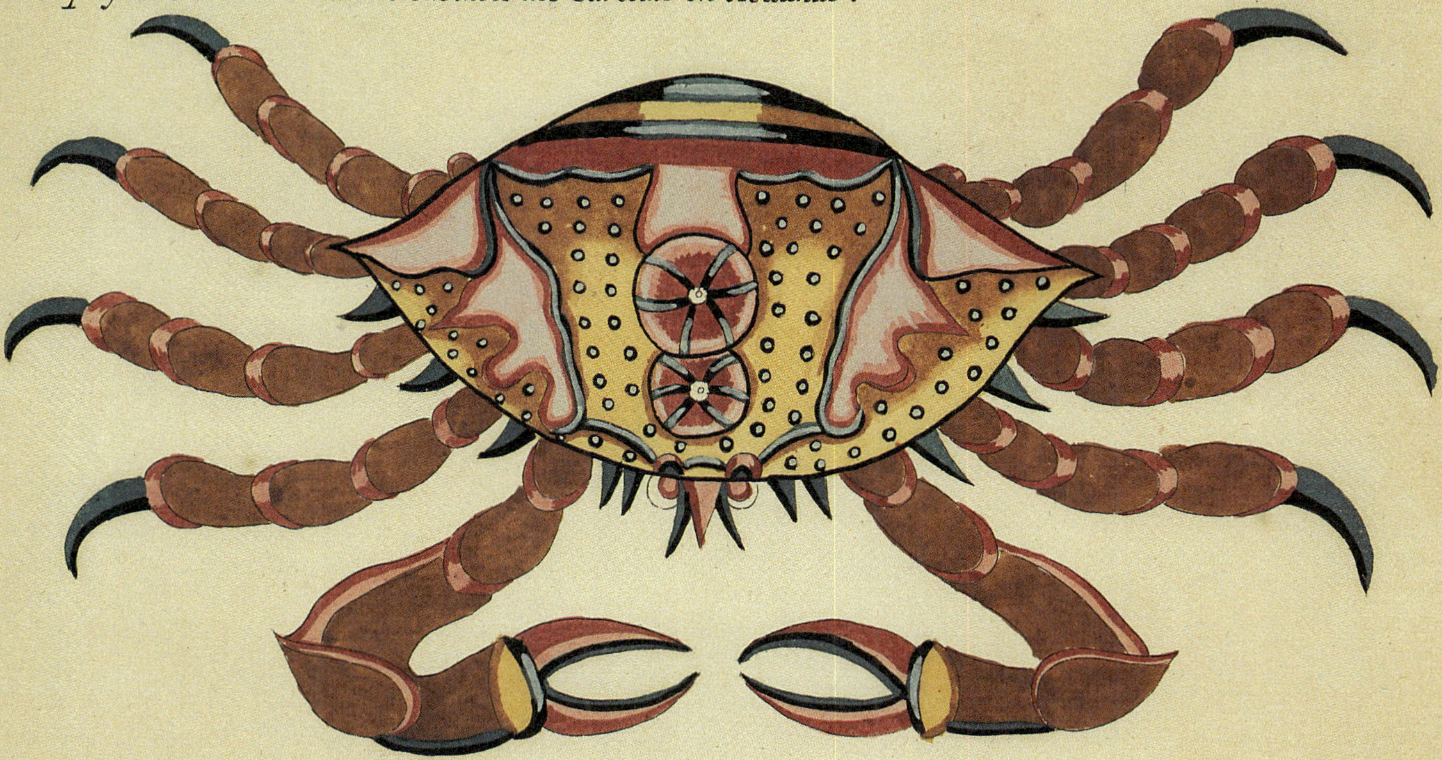

173. Speer-viſch. Moorſe Afgodt. *Voyez les Remarques N°. 44. et 75.*

174. Lakaytie. *Le petit Laquais d'Amboine, ainſi nommé parce qu'il ſe plait a ſuivre les poiſſons de l'ordre explique N°. 17. 98. 107. etc. aux quels on a donné des noms relevez de pluſieurs dignitez comme de* Reine, Comteſſe, Amiral *etc. Le* Lakaytie *eſt un poiſſon excellent, mais dont les couleurs et Livrées pour ainſi dire ſont ſouvent fort differentes.*

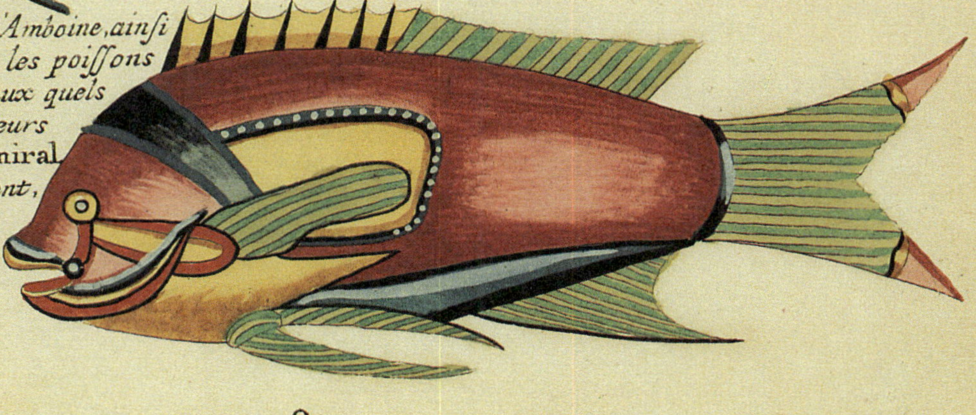

175. **Geep de la Côte Alforeese** [d. *geep*] Garfish of the Alforeese Coast

Some of these are six feet long and are of different species, but they taste bad, are oily and nauseous, and have sharp bones.

Tylosurus sp. Needlefish

176. **Bilangh** Bilangh

Very good, but full of bones and very hairy. The Chinese like it very much when steamed with garlic and pepper. This fish is three feet long, three inches wide, and more flat than round.

?*Cepola* sp. Bandfish

177. **Plattangh** [d. *plat, tang*] Flat Tongs Fish

Three feet long and only one inch thick. Many are caught at Hila, but it is full of bones, fairly fat, and good for being dried like *sorets*.

Unidentifiable teleost

175. Geep de la Côte Alforeese. *Il y en a de Six pieds de long et de diverses espèces, mais il sont mauvais, huileux, et degoutant, et ils ont les arrestes vertes.*

176. Bilangh *fort-bon mais plein d'arrêtes et fort velu. Les* Chinois *l'aiment beaucoup étuvé avec de l'ail et du poivre. Il est long de trois pieds, large de trois pouces, et plus plat que rond.*

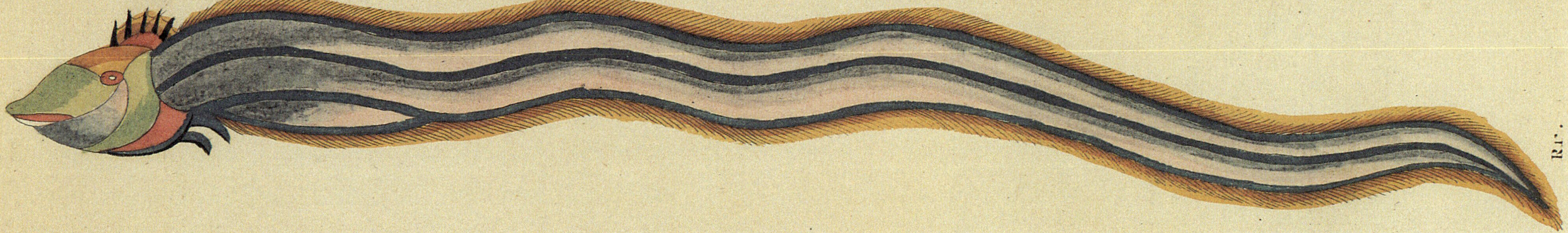

177. Plattangh *long de trois pieds, et espais d'un pouce seulement. On en prend beaucoup à* Hila. *Il est plein d'arretes, asses gras, et propre à être seché comme les Sorets.*

178. **Turbot de la Côte des Poepoes** [f.] Turbot of the Poepoes Coast

They are rarely caught. This one was fished from the Taja River in 1710. It was excellent and weighed twelve pounds.

Unidentifiable teleost

179. **Le Citron de la Côte Alforeese** [f.] Lemon of the Alforeese Coast

It is usually smoked like salmon and eaten in the same way. It weighs up to sixteen or twenty pounds.

Diodon sp. Porcupinefish

180. **Elft ou Alose de Banda** [d. *elft*] Elft or Shad of Ambon

The shad [*alose*] of Banda is of the size and goodness of the ones of Holland.

Unidentifiable teleost

178 Turbot de la Côte des Poepoes. On le prend rarement. Celui-ci fut pêché dans la Riviere de Taja en 1710. il étoit excellent et pesoit douze livres.

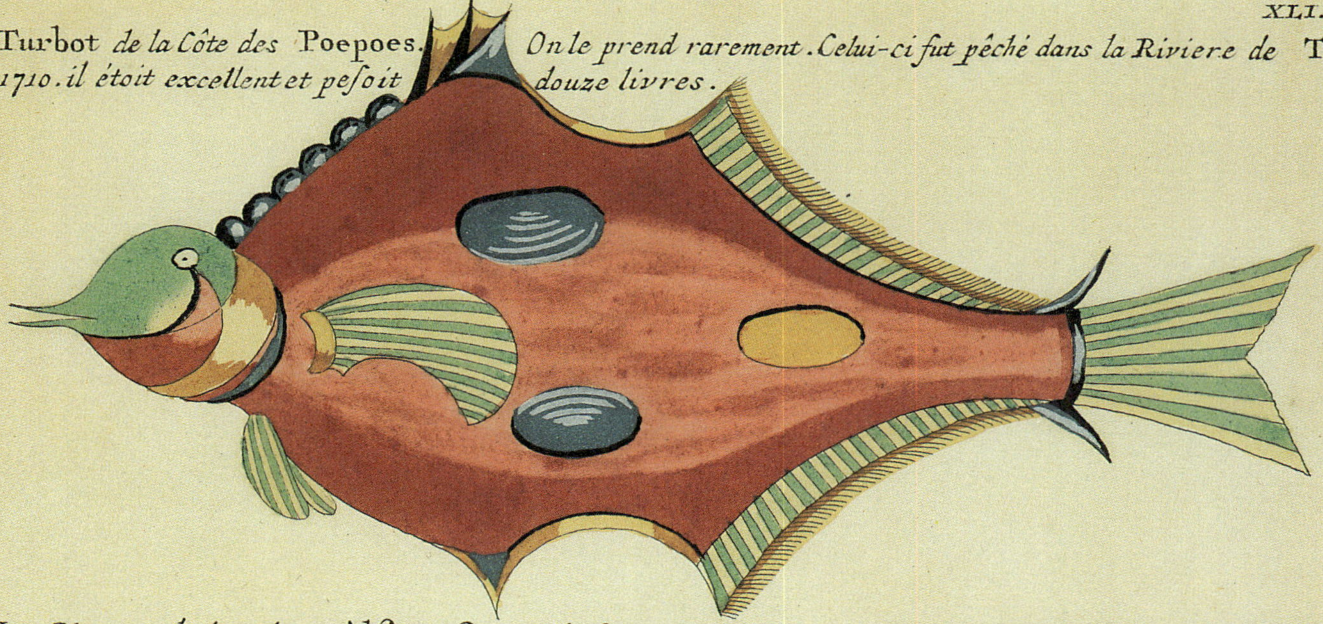

179. Le Citron de la Côte Alforeese. On le fume communément comme du Saumon, et on le mange de même. Il pese jusques a 16. ou 20. Livres.

180. Elft ou Alose de Banda de la grandeur et bonté de celles de Hollande.

181. **Kabos de la Côte des Poepoes** [m. *cabos*, *caboes*] Cabos of the Poepoes Coast

Very common, tastes like eel.

?*Malacanthus* sp. Tilefish

182. **Amboine Fer à Gauffres, Wafel Eyser** [f. *gaufrier*, d.] Ambon Waffle Iron

This fish of Ambon is called waffle iron [*wafel eyser*]. It is caught in Portuguese Bay and is quite venomous.

Unidentifiable teleost

181 Kabos de la Côte des Poepoes *trés commun, et du goût de l'anguille*

182. *On apelle ce Poisson à* Amboine Fer à Gauffres, Wafel Eyser. *On le prend à la Baye Portugaize, et il est fort venimeux.*

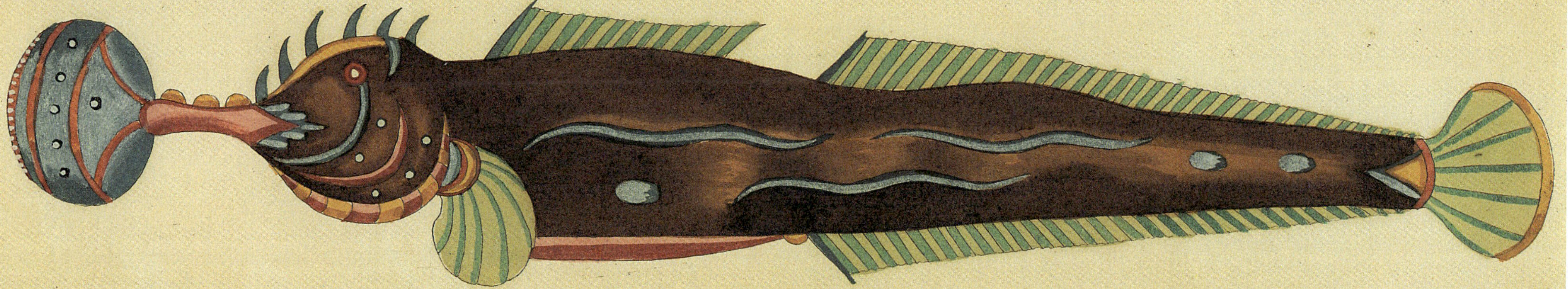

183. **Rogge ou Raye de Ceram** [d. *rog*, f. *raie*] Ceram Ray

A very delicate fish, whose flesh and bones are finer than the rays of Holland. These are never longer than a foot. Many are dried in the sun for presents everywhere in the Indies. The skin of this species of ray is highly appreciated, as much for its pretty colors as for its use primarily by married women to cover certain parts of their bodies that modesty will not permit to be named. This is the mark that distinguishes women from girls, the latter being totally naked.

?*Breviraja* sp. Skate

184. **Chameau jeaune de la Côte de Ceram** [f.] Yellow Camel of the Ceram Coast

The yellow camel of the coast of Ceram is three or four feet long, but very fat and very round, extraordinarily fat and of a good flavor. It has a very hard and tough skin. The savages of Ceram use the dorsal spines of this fish to arm their arrows, because in addition to being very hard, they also have a kind of poison that kills those wounded by them.

Unidentifiable teleost

183. **Rogge** *ou* **Raye** *de* **Ceram** *très-delicatte dont la chair et les arêtes ſont plus fines qu'aux Rayes de* **Hollande**. *Celles-ci n'excedent point la grandeur d'un pied. On en fait ſecher beaucoup au* **Soleil** *pour faire des preſents dans toutes les* **Indes**. *La peau de cette espèce de Raye eſt fort eſtimée tant à cauſe de ſes belles couleurs, que principalement à cauſe que les femmes marriées s'en ſervent pour couvrir la partie que la pudeur ne nomme point. C'eſt-là la marque qui distingue les femmes d'avec les filles car celles-ci vont tout à fait nues.*

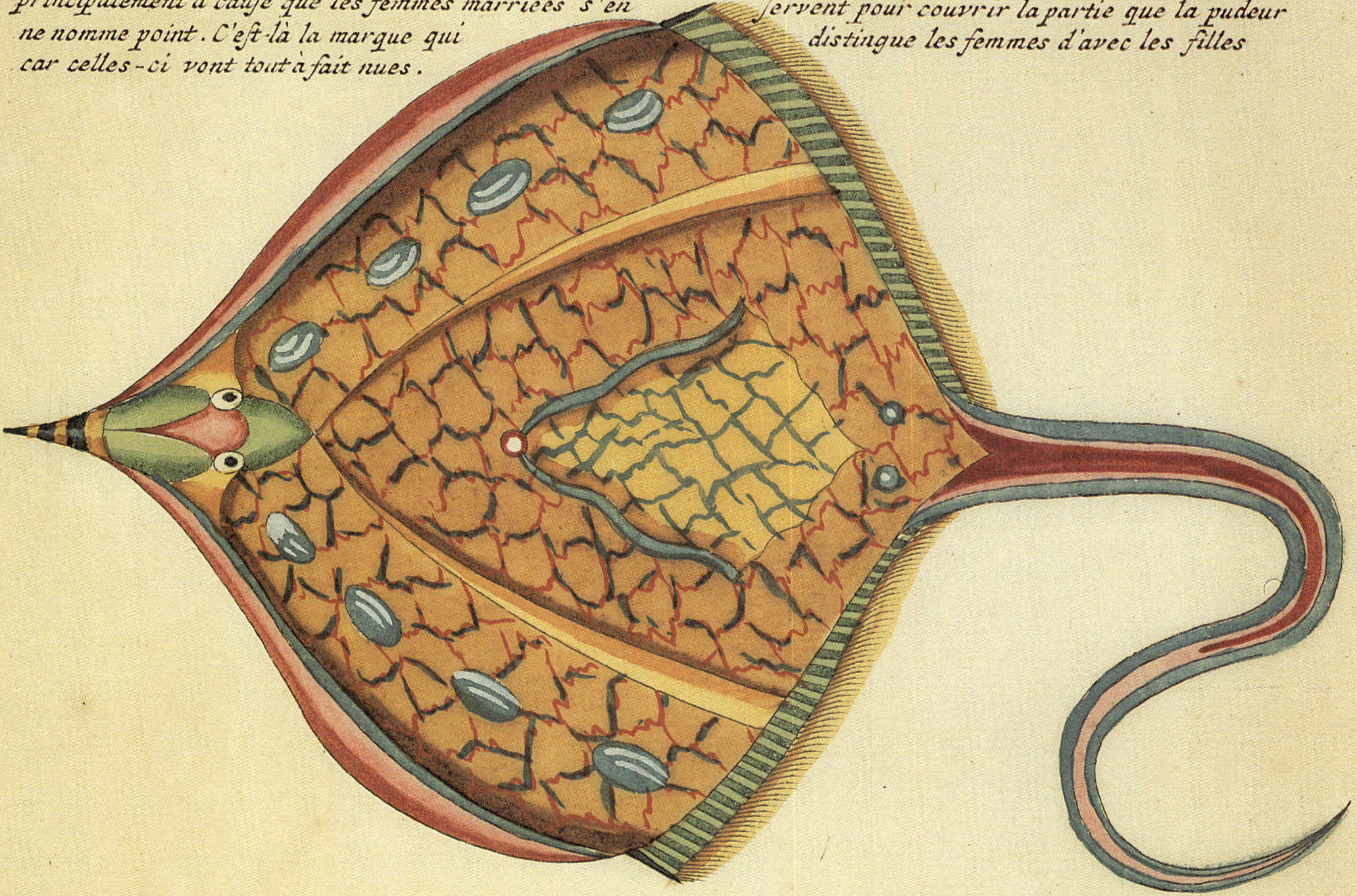

184. *Le* **Chameau jeaune** *de la Côte de* **Ceram** *long de trois à quatre pieds mais fort gros et fort rond, extraordinairement gras et de bon goût. Il a la peau très-dure et coriaſſe. Les Sauvages de* **Ceram** *ſe ſervent des pointes piquantes que ce Poiſſon a ſur le dos pour armer leurs fleches, car outre qu'elles ſont très-dures, elles ont auſſi une espèce de venin qui tue ceux qui en ſont bleſſez.*

185. **Monstre qui fut pêché au passage de Baguewal** [f.] Monster fished from the Straits of Baguala

A monster that was fished from the Straits of Baguala near Ambon in 1709. It was three and a half feet long.

?*Rhinobatos* sp. Guitarfish

186. **Bot ou Plie de la Côte Alforeese** [d., f.] Alforeese Coast Flounder

The flounder of the Alforeese coast is very good with all sauces and very pretty and diversified in its colors. Some of these are a foot long and were first found in the Molucca Islands approximately twenty years ago.

Pseudorhombus sp. Lefteye Flounder

185. Monstre qui fut pêché au passage de Baguewal près d'Amboine en 1709. Il etoit long de trois pieds et demi.

186. Bot ou Plie de la Côte Alforeese très-bonne à toutes Sauces très-belle et diversifiée dans ses couleurs. On en trouve d'un pied de long, il n'y a qu'environ 20. ans que ce poisson a commence d'être connu aux Moluques.

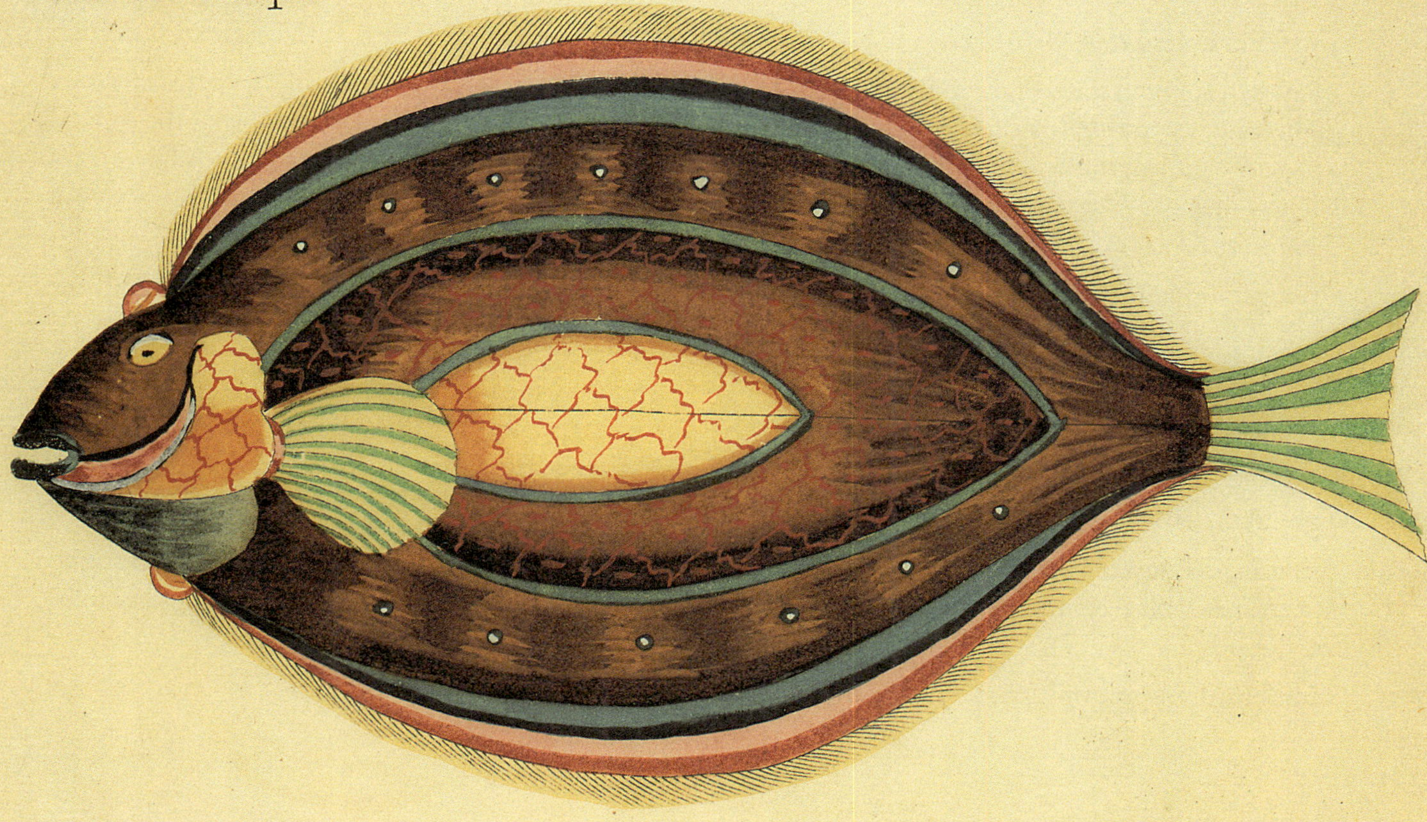

187. **Ecrevisse des Montagnes** [f.] Mountain Crayfish

They are caught in the woods on the island of Loeven. It climbs into trees to eat the fruit. It spawns its eggs in the sand, up to twelve or fourteen at a time; they are sky blue, speckled with red, and as big as the eggs of a pigeon. Some of these animals are three or four feet long. They are all very good to eat. They dislike snakes because they eat their eggs. They are caught with a snare of brass wire, which is placed in the areas where these animals travel.

Panulirus ornatus (Fabricius, 1798) Ornate Spiny Lobster

188. **Oeufs de l'Ecrevisse des Montagnes** [f.] Eggs of the Mountain Crayfish

Panulirus ornatus (Fabricius, 1798) Ornate Spiny Lobster

189. **Anguille de Mer** [f.] Marine Eel

A marine eel, seven feet in length and sixteen and a half inches wide, drawn at Loeven where one measuring fifteen and a half feet long and twenty-two inches wide was caught. These kinds of eels are too greasy to be very good.

Unidentifiable anguilliform Eel

187. Ecreviſſe des Montagnes. On en prend dans les bois de l'Isle de Loeven. Elle grimpe ſur les arbres pour en manger les fruits. Elle fait ſes Oeufs dans le Sable jusques à 12. ou 14. qui ſont d'un bleu celeste picottez de rouge et gros comme des Oeufs de pigeon. Il y en a qui ſont longues de trois à quatre pieds. Elles ſont toutes fort bonnes à manger. Elles haiſſent les Serpents par ce qu'ils mangent leurs Oeufs. On les atrape avec des Colets de fil d'archal qu'on tend dans les endroit où elles paſſent.

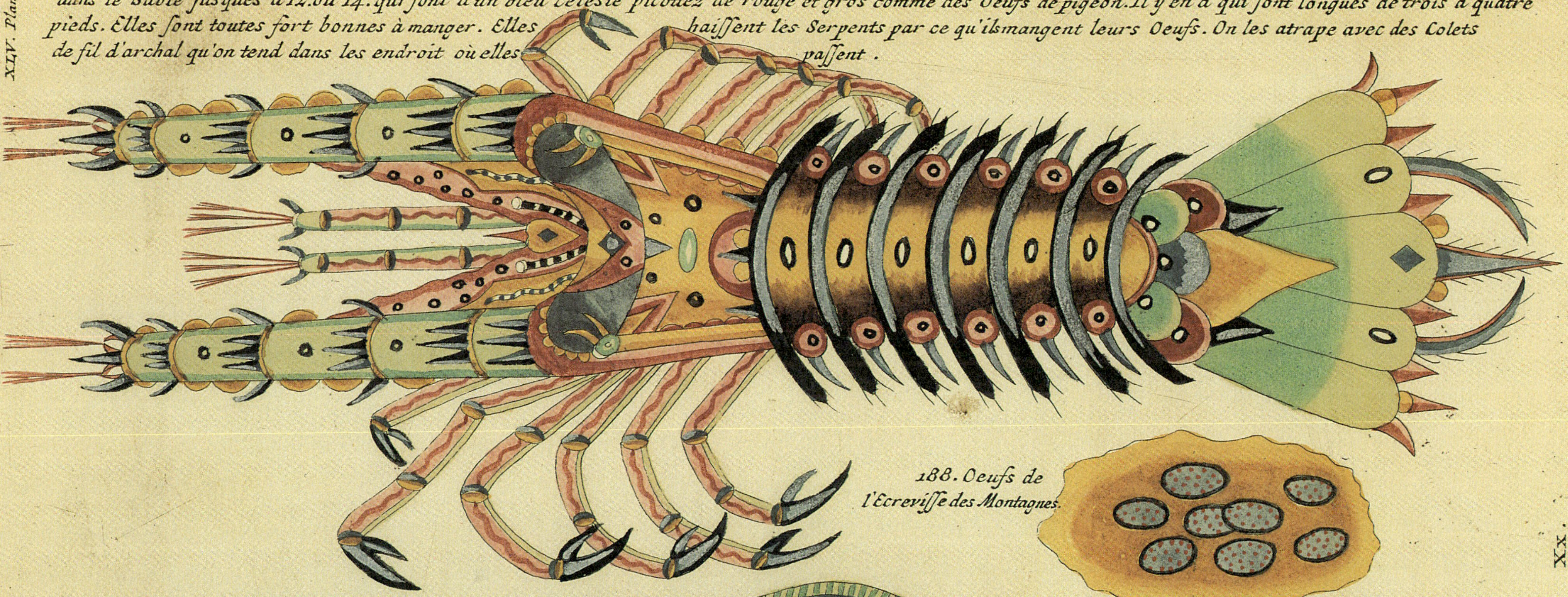

188. Oeufs de l'Ecreviſſe des Montagnes.

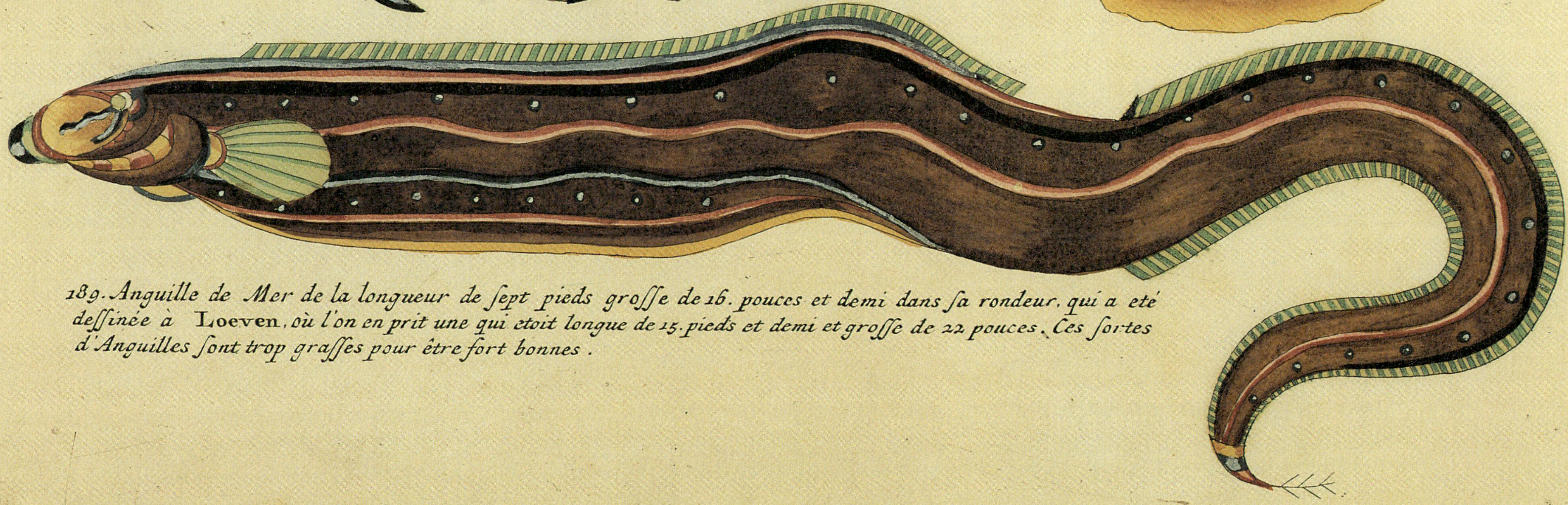

189. Anguille de Mer de la longueur de ſept pieds groſſe de 16. pouces et demi dans ſa rondeur, qui a eté deſſinée à Loeven, où l'on en prit une qui etoit longue de 15. pieds et demi et groſſe de 22 pouces. Ces ſortes d'Anguilles ſont trop graſſes pour être fort bonnes.

190. **Crabbe Fleuronnée** [f.] Flowery Crab

A very good crab, ten feet long, with flowery decorations.

Ranina ranina (Linnaeus, 1758) Red Frog Crab

191. **Bulsuck de Boero** Buru Bulsuck

Fairly good.

Monacanthidae gen. et sp. Filefish

192. **Harang d'Amboine** [f. *hareng*] Ambon Herring

Herring of Ambon, very fat and good to the taste.

?*Anthias* sp. Basslet

193. **Crabbe Amphibie** [f.] Amphibious Crab

An amphibious crab, of which there is an infinity of different kinds and colors.

Leucosiidae gen. et sp. Pebble Crab

194. **Sambilang** [m. *sémbilang*] Sembilang

Some are very large, and they taste like sturgeon.

Unidentifiable teleost

XLVI. Planche.
190. Crabbe Fleuronnée de dix pouces de long très-bonne.
191. Bulsuck de Boero, passablement bon.
192. Harang d'Amboine fort gras et de bongout.
193. Crabbe Amphibie dont il y a une infinité de sortes et de couleurs differentes.
194. Sambilang. Il y en a de fort grands, et ils ont le gout de l'Eturgeon.
Yy.

195. **Tafel-Kreeft** [d.] Table Lobster

Shrimp of Ambon, fairly common and delicious.

Parribacus antarcticus (Lund, 1793) Sculptured Slipper Lobster

196. **Eenhoorn** [d.] Unicorn

A unicorn fish common to the island of the Rique, and of a very good taste.

Naso brevirostris (Valenciennes, 1835) Spotted Unicornfish

197. **Caffertie** [d. *kaffer*] Little Lout

Fish of the rocks.

?*Canthigaster* sp. Sharpnose Pufferfish

198. **Catjang-radi** [m. *kétam-radjah*] King Crab

The crab of the king [is] very good and sometimes fairly common at Ambon.

Portunus pelagicus (Linnaeus, 1758) Blue Swimming Crab

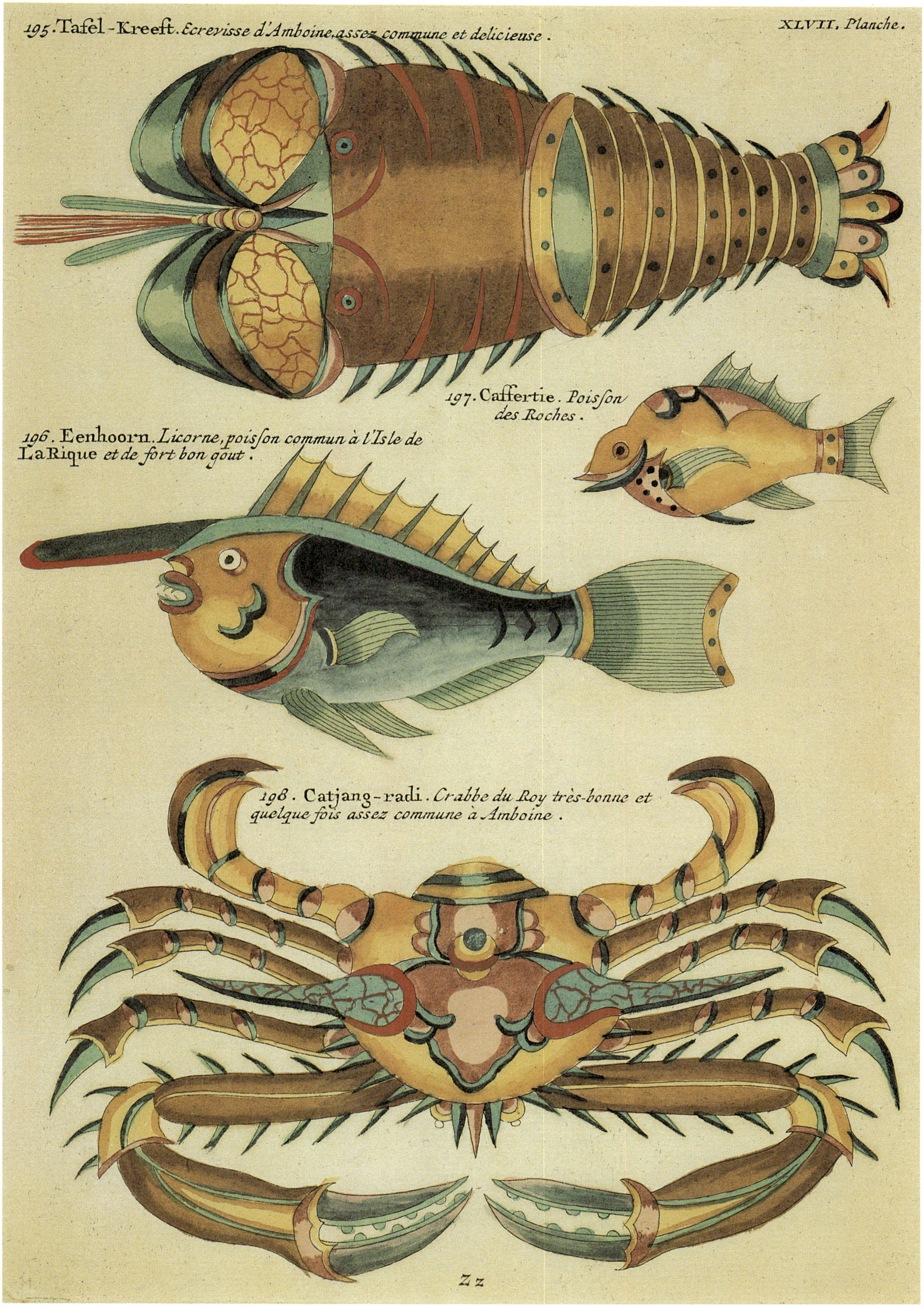
195. Tafel-Kreeft. Ecrevisse d'Amboine, assez commune et delicieuse.
XLVII. Planche.
197. Caffertie. Poisson des Roches.
196. Eenhoorn. Licorne, poisson commun à l'Isle de La Rique et de fort bon gout.
198. Catjang-radi. Crabbe du Roy très-bonne et quelque fois assez commune à Amboine.
Zz

199. **Bandt-Hooft** [d. *hoofdband*] Headband

The fish with a headband from Ambon, as good as carp.

Caesio xanthonota Bleeker, 1853 Yellowfin Fusilier

200. **Caffertie** [d. *kaffer*] Little Lout

Acanthopagrus bifasciatus (Forsskål, 1775) Two-bar Seabream

201. **Cantjang** [m. *kétam*] Crab

This crab throws itself upon dogs that enter the water; they pinch them and make them cry very loudly.

Unidentifiable crab

202. **Steene-Krabbe** [d.] Stone Crab

The stone crab is very big, as hard as marble, and very thick.

Daldorfia horrida (Linnaeus, 1758) Stone Crab

199. Bandt-Hooft. Le Poiſſon à bandeau d'Amboine bon comme la Carpe.
XLVIII. Planche.
201. Cantjang. Cette Crabbe se jette ſur les Chiens qui entrent dans l'eau, les peince et lesfait crier très-fort.
200. Caffertie.
202. Steene-Krabbe Crabbe-pierre. Elle est très-grosse, dure comme marbre et fort épaisse.
Aaa.

203. **Katjang-Roeper** [m. *kétam*, d. *roeper*] Crying Crab

The crying crab cries like a little cat, and is rather loud.

Portunus sanguinolentus (Herbst, 1796) Redspot Swimming Crab

204. **Klip-Visch** [d.] Rockfish

Paraluteres prionurus (Bleeker, 1851) Saddled Filefish

205. **Kamp-haan d' Amboine** [d.] Ambon Fighting Cock

It is as good and as common as the gudgeon that is called *post* in Holland.

Callionymidae gen. et sp. Dragonet

206. **Kruys-Krabbe** [d.] Cross[-bearing] Crab

The sacred crab of Butung Island is held in great veneration among the priests and missioners. The Jesuits say that Saint Francis Xavier, while preaching the gospel to the Indians, had a crucifix, which he was showing and announcing to the people, snatched from his hands by an angry king and thrown into the ocean; a crab, marked with a cross like the one shown here, brought it back in its claws to the shore, in full view of the king and a mass of people, who by this miracle were converted to the Christian faith.

Charybdis feriata (Linnaeus, 1758) Coral Crab

207. **Loupert de Baguewall** [f. *loup*] Baguala Wolf

Very good with a sorrel sauce.

Unidentifiable teleost

203. Katjang-Roeper. *Crabbe-criarde. Elle crie comme un petit chat, et assez haut.*

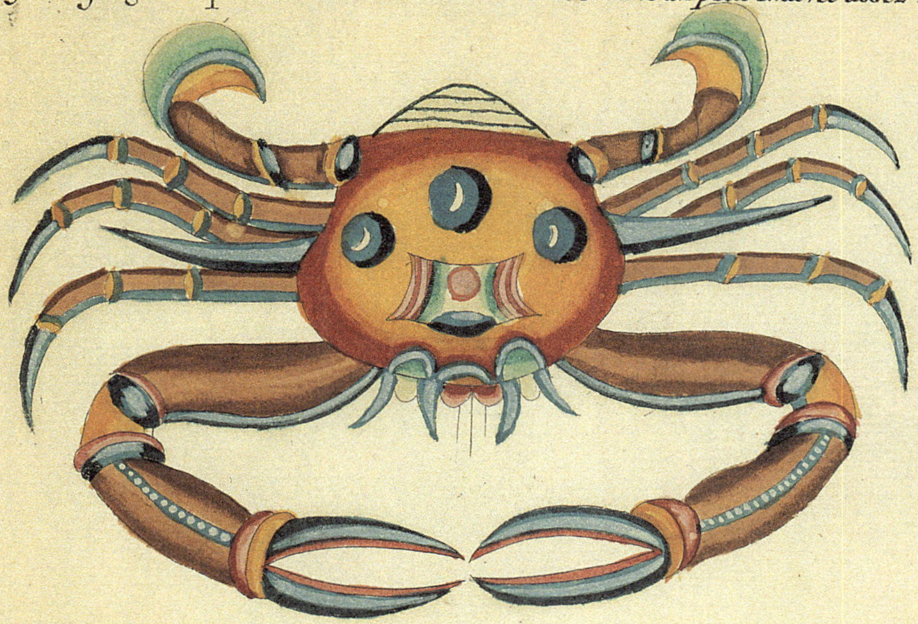

204. Klip-Viſch. *Poiſſon des Roches.*

205. Kamp-haan *d'Amboine. Il est aussi bon et aussi commun que le Goujon qu'on apelle* Post *en Hollande.*

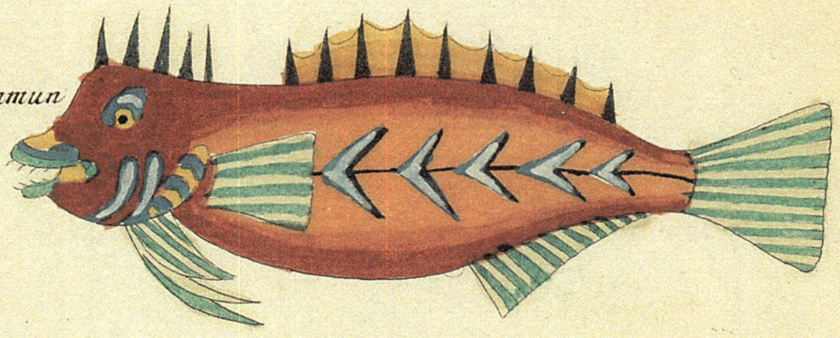

206. Kruys-Krabbe. *La Crabbe Sainte de l'Isle de Boutton. Elle est en grande Veneration parmi les Pretres et Missionaires. Les Peres Jesuites disent que St. François Xavier prechant l'Evangile aux Indiens, un* Raya *ou Roy en colere luy arracha des mains la Croix qu'il montroit et annoncoit aux peuples, et qu'ayant jetté cette Croix dans la Mer, une Crabbe marquée d'une Croix, comme celle-cy, la raporta dans ſes pattes ſur le Rivage à la vuë du Raya et d'une grande foule de peuple qui par ce Miracle furent Convertis à la Foy Chretienne.*

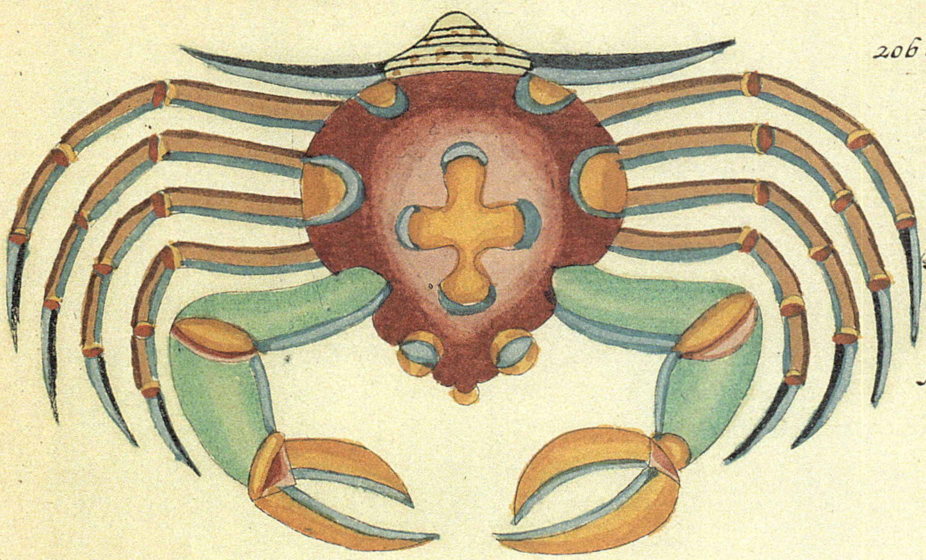

207. Loupert *de Baquewall fort bon à la Sauce à l'Oseille.*

208. **Crabbe d'Arbre** [f.] Tree Crab

Bad to eat.

Unidentifiable crab

209. **Harang de Hila** [f. *hareng*] Hila Herring

The herring of Hila, larger and just as good as the one from Ambon.

?*Anthias* sp. Basslet

210. **Sand-Kruyper** [d. *zand-kruiper*] Sand Crawler

A species of remora. It likes to throw itself onto the shore and sprawl out on the sand, where it is often caught. It is very good. These kinds of fishes sometimes attach themselves by the millions to the keels of ships to suck the wood, and all swimming against the movement of the vessel, prevent it from going forward. This phenomenon can be recognized when food is thrown off the bow or the stern of the ship; these fishes can be seen coming up by the millions, and the sailors then notice that the vessel is relieved of the impediment.

Gobiidae gen. et sp. Goby

211. **Ican Taci** [m. *ikan*] Taci Fish

This fish gladly feeds on human excrement and is usually found in areas where it is abundant.

Scatophagus argus (Bloch, 1788) Spotted Scat

208. Crabbe d'Arbre, *mauvaise à manger.*

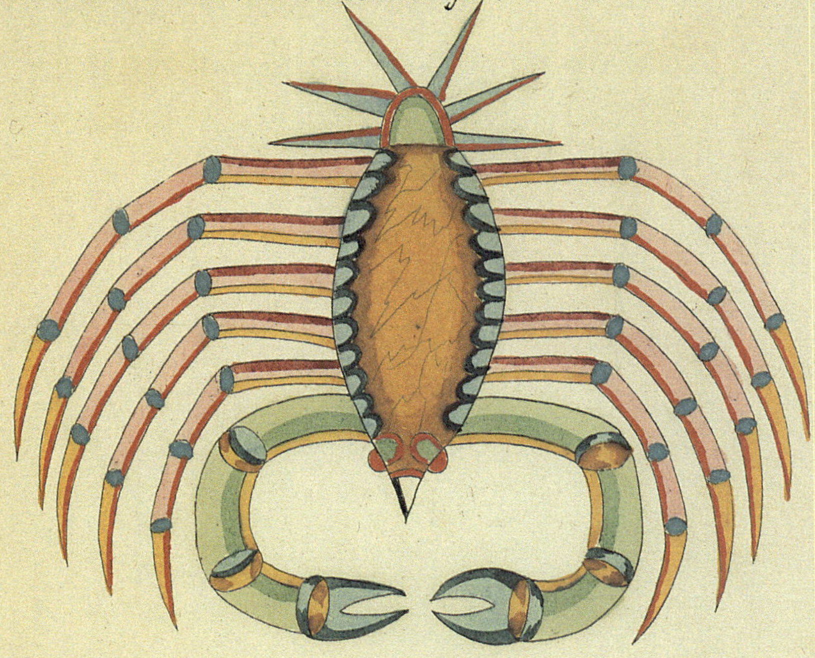

209. Harang de Hila *plus gros et aussi bon que celuy d'Amboine.*

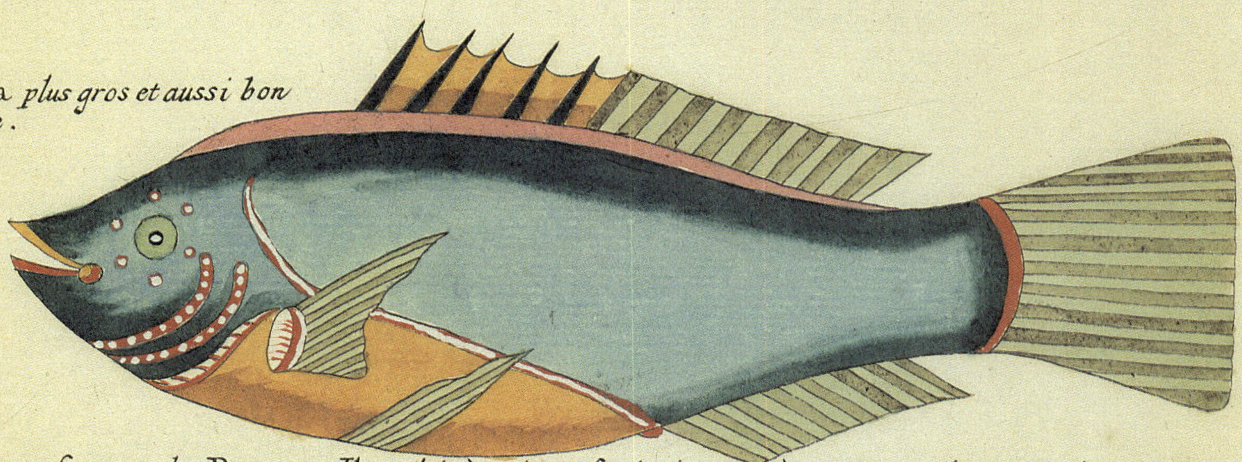

210. Sand-Kruyper *Espece de* Remora. *Il se plait à se jetter ſur le rivage et à s'y vautrer dans le Sable où on en atrape assez souvent: Il est fort bon. Ces ſortes de poissons s'attachent quelque fois par milliers à la quille des Navires pour y ſucer le bois, et nageant tous contre la course du Vaisseau ils l'empechent d'avancer. On reconnoit cela lors qu'en jettant de la mangeaille à l'avant ou à l'arriere du Batiment on voit Ces poisſons y accourir par milliers, et on s'aperçoit que le Vaisseau en est alors ſoulagé.*

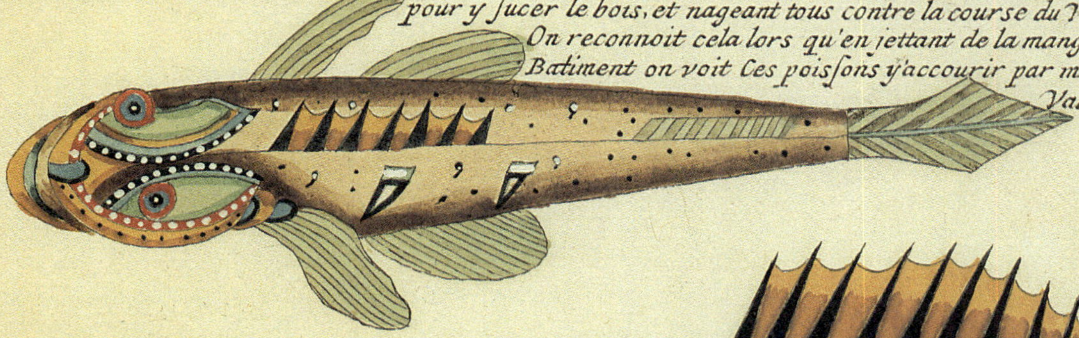

211. Ican Taci. *Ce Poisſon se repait volontiers d'excrements humains et se trouve ordinairement dans les lieux où il y en a.*

212. **Crabbe-Scorpion** [f.] Scorpion Crab

The sting is deadly, yet the flesh is good to eat.

Parthenope longimana (Linnaeus, 1758) Parthenop Crab

213. **Ecrevisse de Honimo** [f.] Honimo Crayfish

Very delicious.

Panulirus sp. Spiny Lobster

214. **Crabbe-Soleil Amphibie** [f.] Amphibious Sun Crab

Unidentifiable crab

215. **Crabbe-terrestre** [f.] Terrestrial Crab

A terrestrial crab that climbs trees.

Calappa philargius (Linnaeus, 1758) Box Crab

216. **Crabbe-Lune Amphibie** [f.] Amphibious Moon Crab

Leucosiidae gen. et sp. Pebble Crab

212. Crabbe-Scorpion, *dont les piquures ſont mortelles, et la chair en est cependant bonne à manger.*

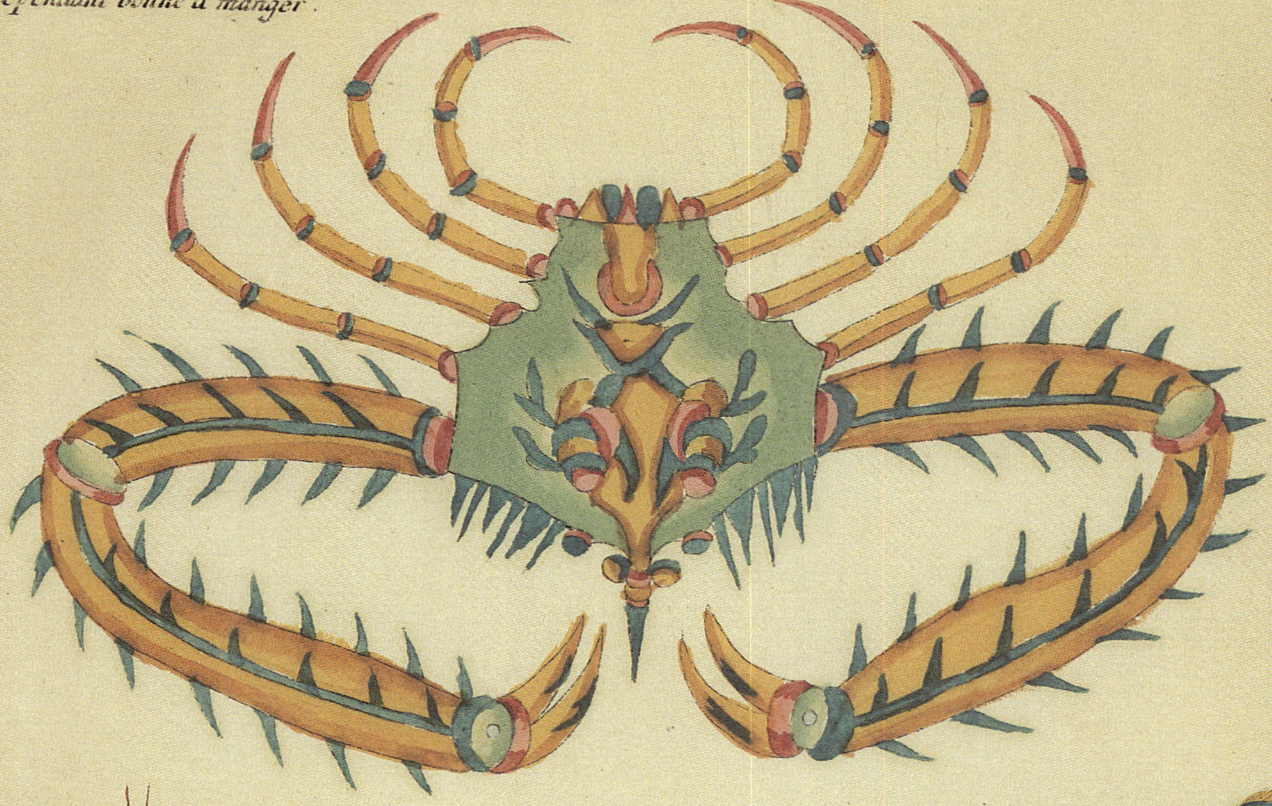

213. Ecrevisse *de* Honimo *très-delicieuse.*

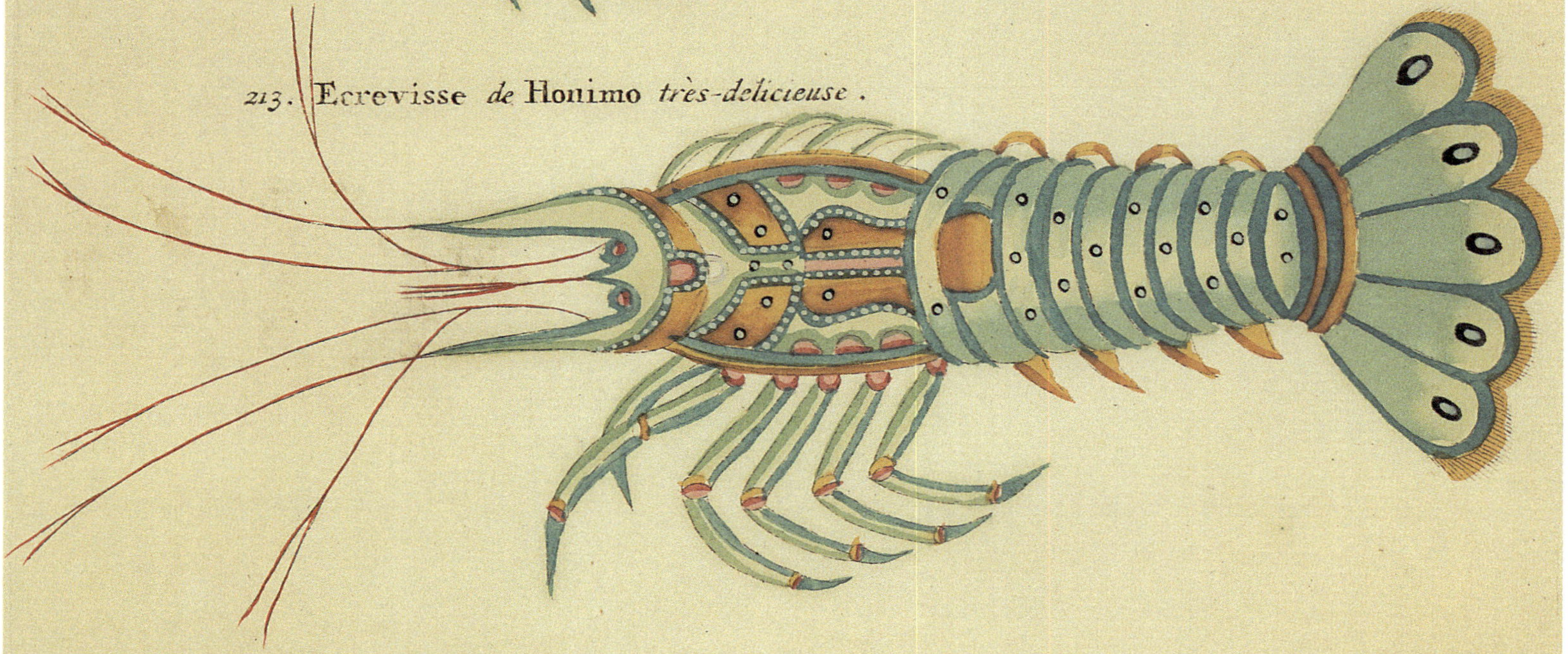

215. Crabbe-terrestre *qui grimpe ſur les arbres.*

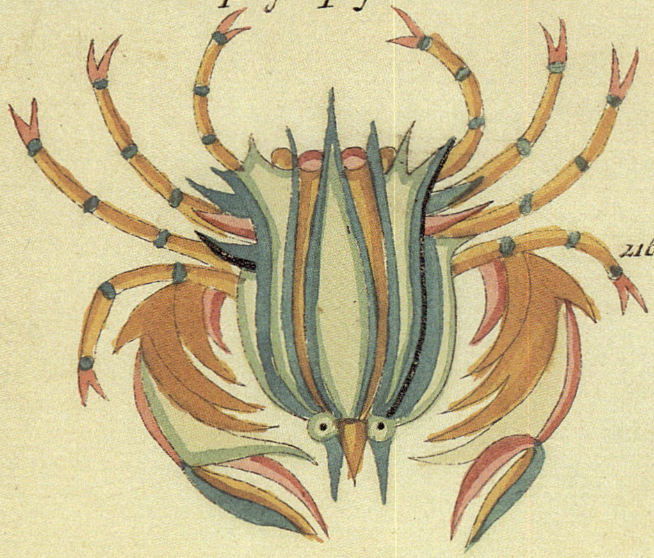

214. Crabbe-Soleil *Amphibie.*

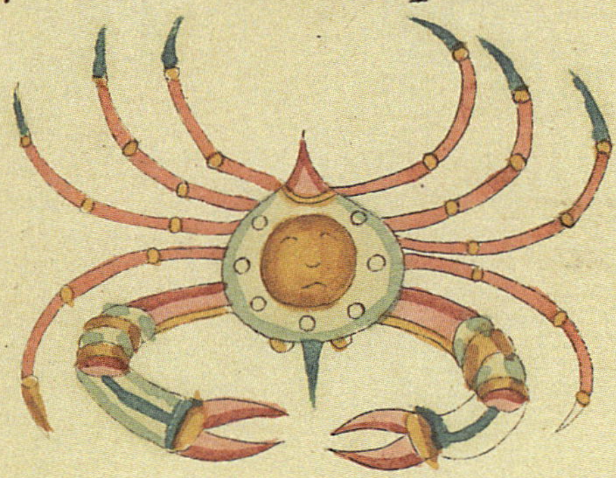

216. Crabbe-Lune *Amphibie.*

217. **Crabbe de la Baye Portugaise** [f.] — Crab of Portuguese Bay

Unidentifiable crab

218. **Garnate** [d. *garnaal*] — Shrimp

Female shrimp.

?*Pseudosquilla* sp. — Mantis Shrimp

219. **Goujon de Rivierre** [f.] — River Gudgeon

Very excellent.

Dendrochirus zebra (Quoy & Gaimard, 1824) — Zebra Lionfish

220. **Crabbe Amphibie** [f.] — Amphibious Crab

Carpilius convexus (Forsskål, 1775) — Convex Pebble Crab

221. **Crabbe Areignée** [f. *araignée*] — Spider Crab

Myra fugax (Fabricius, 1798) — Pebble Crab

222. **Garnate** [d. *garnaal*] — Shrimp

Male shrimp.

?*Pseudosquilla* sp. — Mantis Shrimp

217. Crabbe *de la Baye Portugaise.*

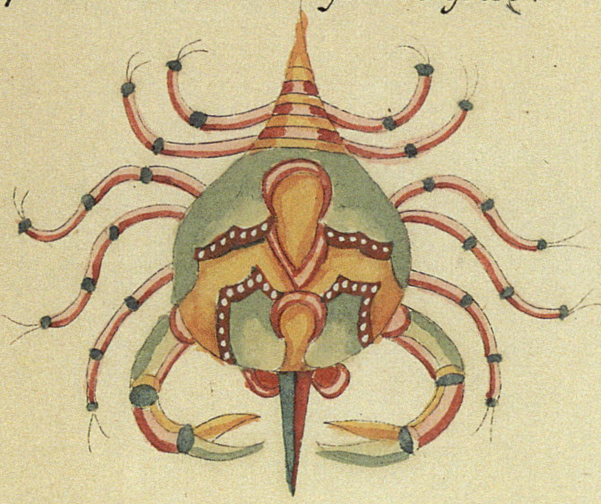

218. Garnate *ou Chevrette Femelle.*

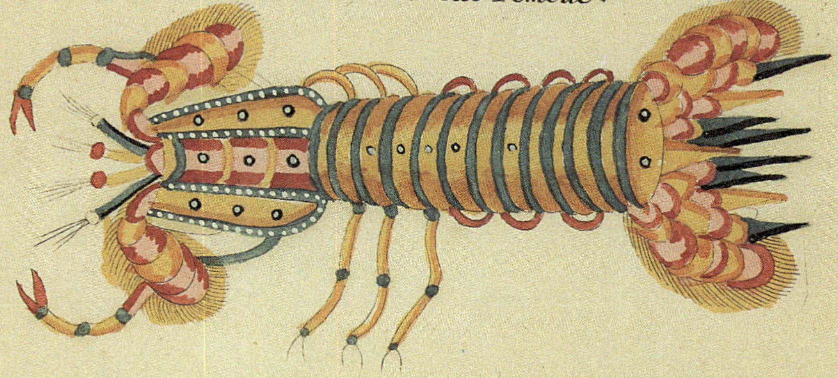

219. Goujon *de Rivierre fort excellent.*

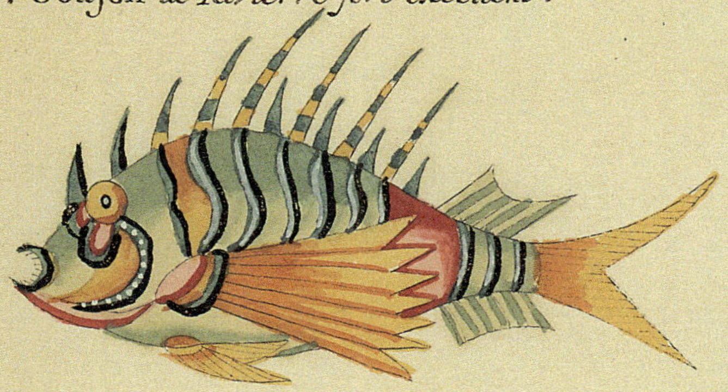

220. Crabbe *Amphibie.*

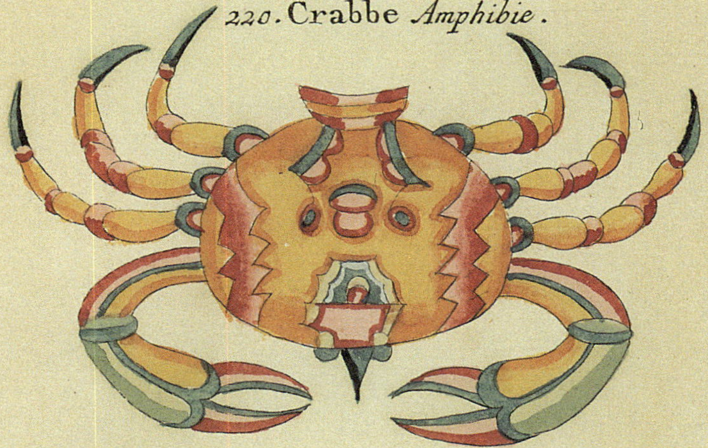

221. Crabbe *Areignée.*

222. Garnate, *ou Chevrette Male.*

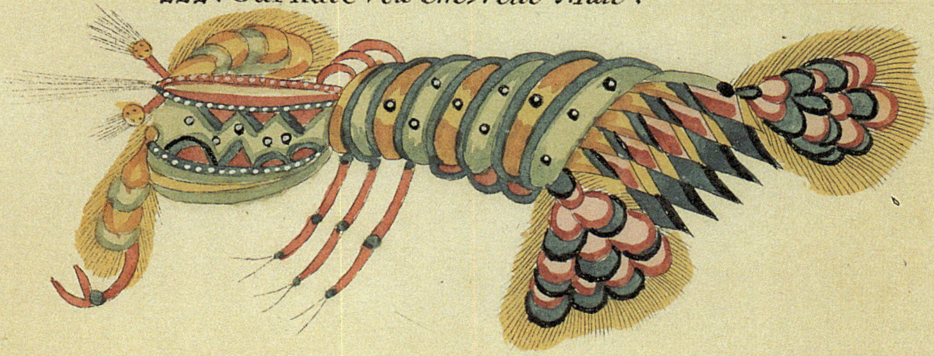

223. **Dos d'Or d'Amboine** [f.] — Ambon Golden-back
Amblycirrhitus bimacula (Jenkins, 1903) — Two-spot Hawkfish

224. **Chevrette Commune Femelle** [f.] — Common Female Shrimp
Unidentifiable shrimp

225. **Doré de Loeven** [f.] — Gilded Fish of Loeven
Unidentifiable teleost

226. **Crabbe Terrestre** [f.] — Terrestrial Crab
Unidentifiable crab

227. **Tomtombo doré** [m. *tomtombo*, f. *doré*] — Gilded Box Fish
Paraluteres prionurus (Bleeker, 1851) — Saddled Filefish

228. **Gout-Visch** [d. *goud*] — Goldfish
The golden fish of Hila.
?*Cheilodactylus* sp. — Morwong

229. **Barbeau d'Arouke** [f.] — Haruku Barbel
Very small.
?Mullidae gen. et sp. — Goatfish

230. **Chevrette Commune Male** [f.] — Common Male Shrimp
Notopus dorsipes (Linnaeus, 1758) — Frog Crab

223. Dos d'Or d'Amboine.

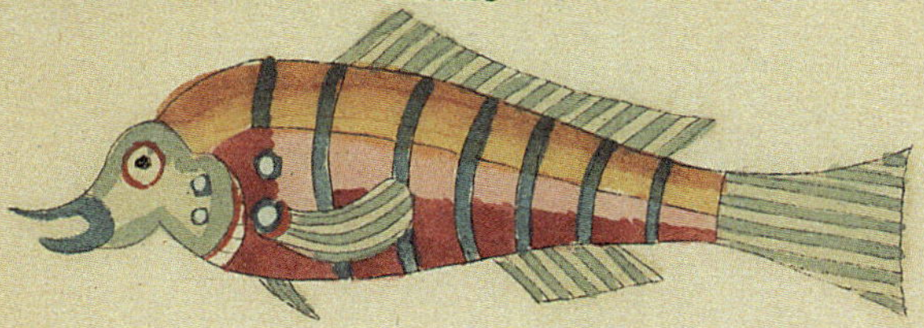

224. Chevrette *Commune Femelle*.

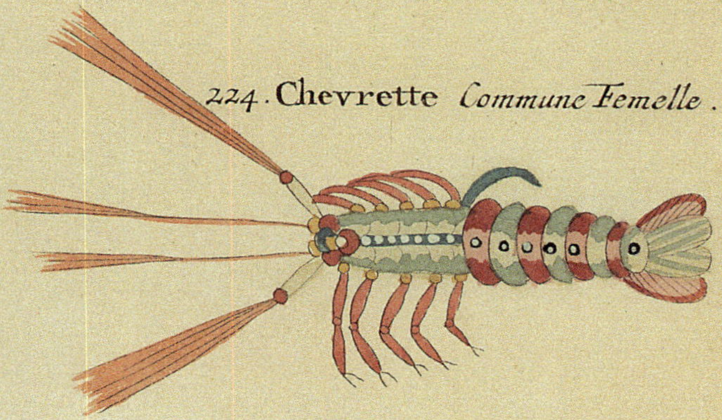

225. Doré de Loeven.

226. Crabbe *Terrestre*.

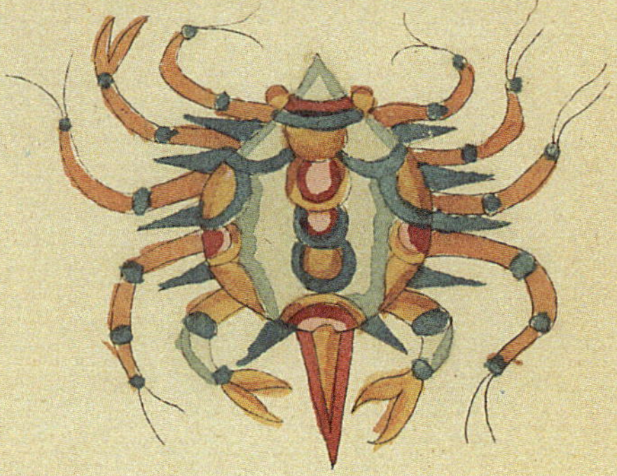

227. Tomtombo *doré*.

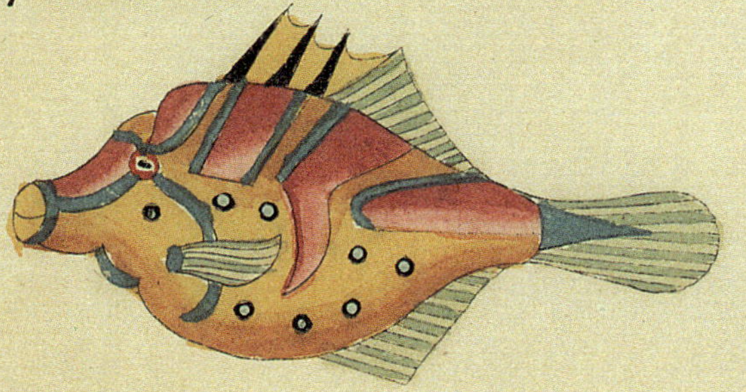

228. Gout-Visch. *Le Poisson d'Or de* Hila.

229. Barbeau d'Arouke *très-petit*.

230. Chevrette *Commune Male*.

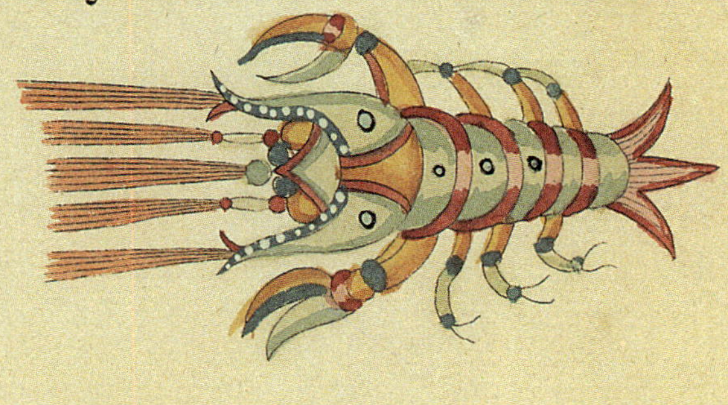

231. **Diable-Marin** [f.] Sea Devil

A species of ray.

Pristis sp. Sawfish

232. **Diable-Marin** [f.] Sea Devil

Pristis sp. Sawfish

233. **Zeyl-Visch** [d.] Sailfish

The sailfish. There are some as big as small whales. They have a beak as hard as iron, and it is very dangerous. They raise and lower their dorsal fin like a fan that folds itself into a long slit that these kinds of fishes have along their back. They sometimes swim at the surface, thus enabling one to see their high dorsal fin for a distance of more than a nautical league. When they keep it high like this, it is a sign of a storm coming up.

Istiophorus platypterus (Shaw & Nodder, 1792) Sailfish

231. Diable-Marin. Espece de Raye.

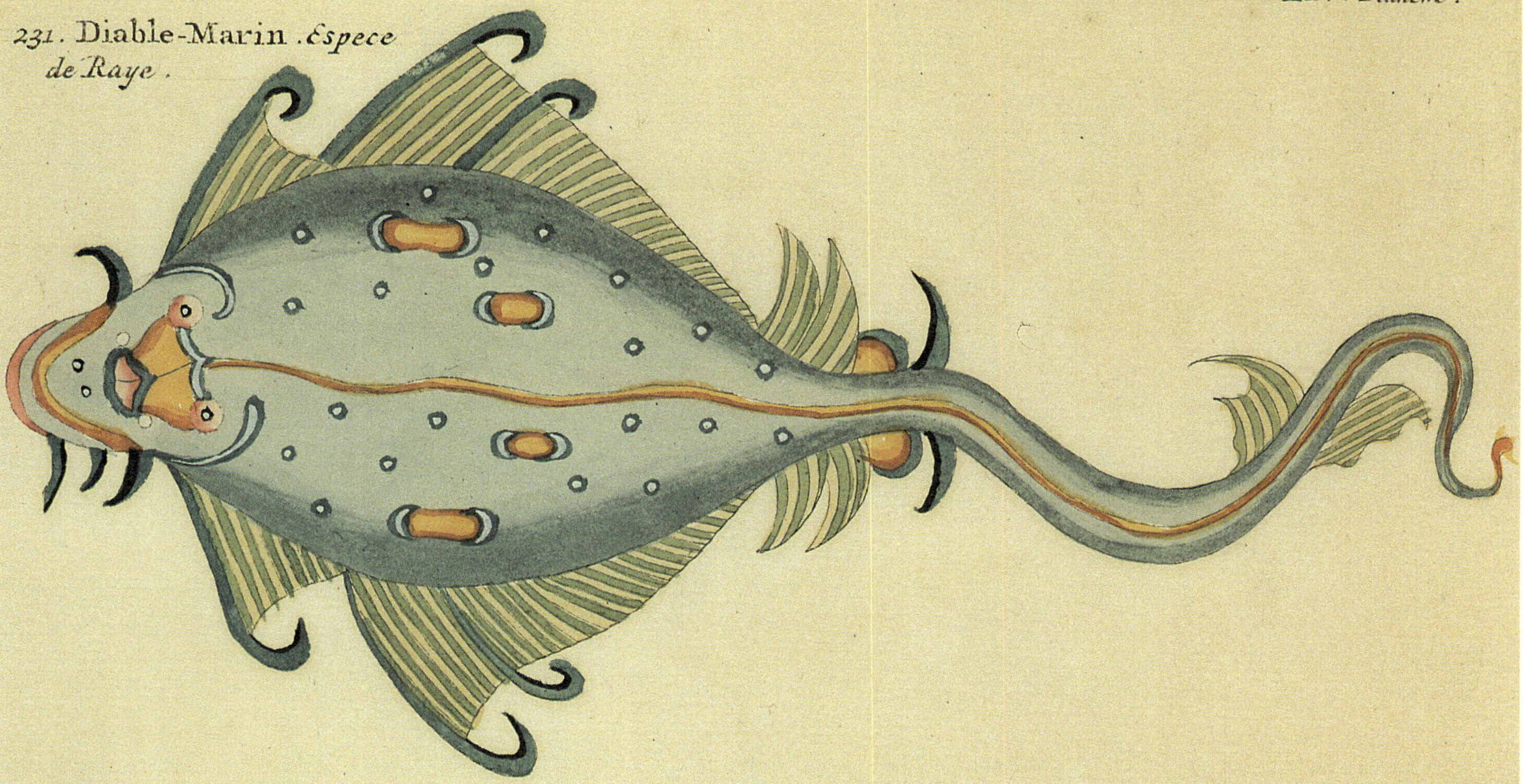

232. Diable-Marin.

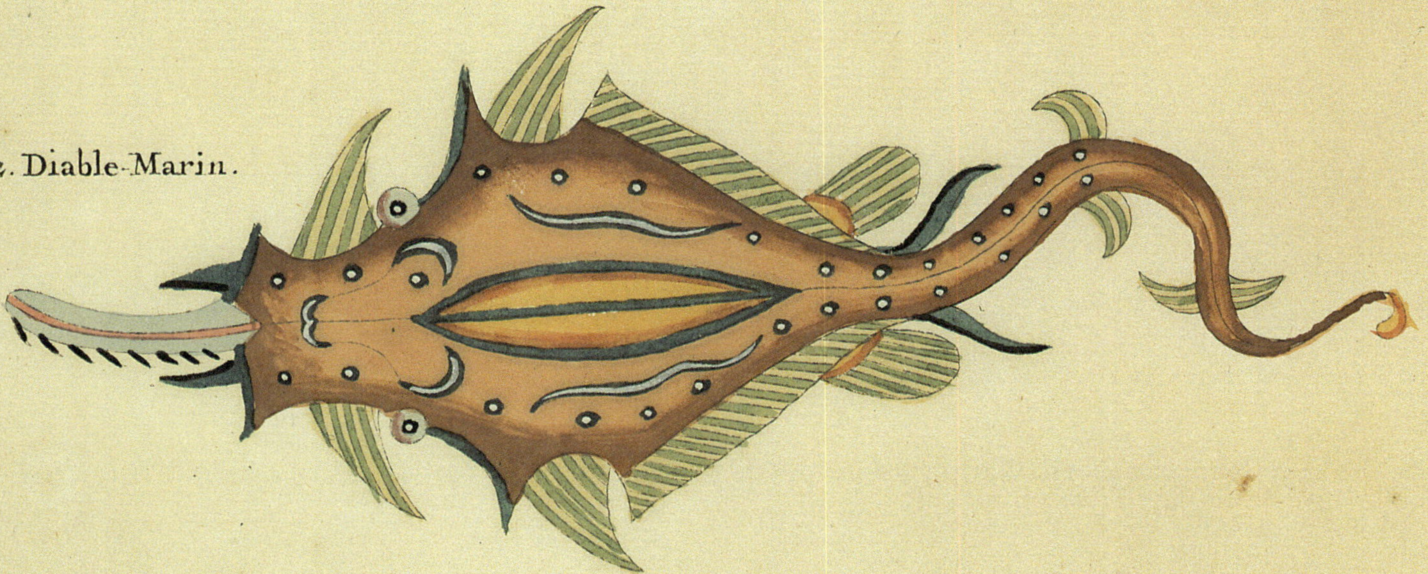

233. Zeyl-Visch. *Le Poisson Voillier. Il y en a de grands comme des petites Balaines. Ils ont le bec dur comme du fer et très-dangereux. Ils levent et baissent leur Nageoire du dos comme un Evantaille qui s'emboitte dans une longue fente que ces sortes de poissons ont le long du dos. Ils nagent quelque fois à fleur d'eau, et alors on peut voir leur Nageoire, qui est fort haute, de plus d'une lieuëen Mer mais quand ils la tiennent ainsi levée, c'est Signe d'Orage.*

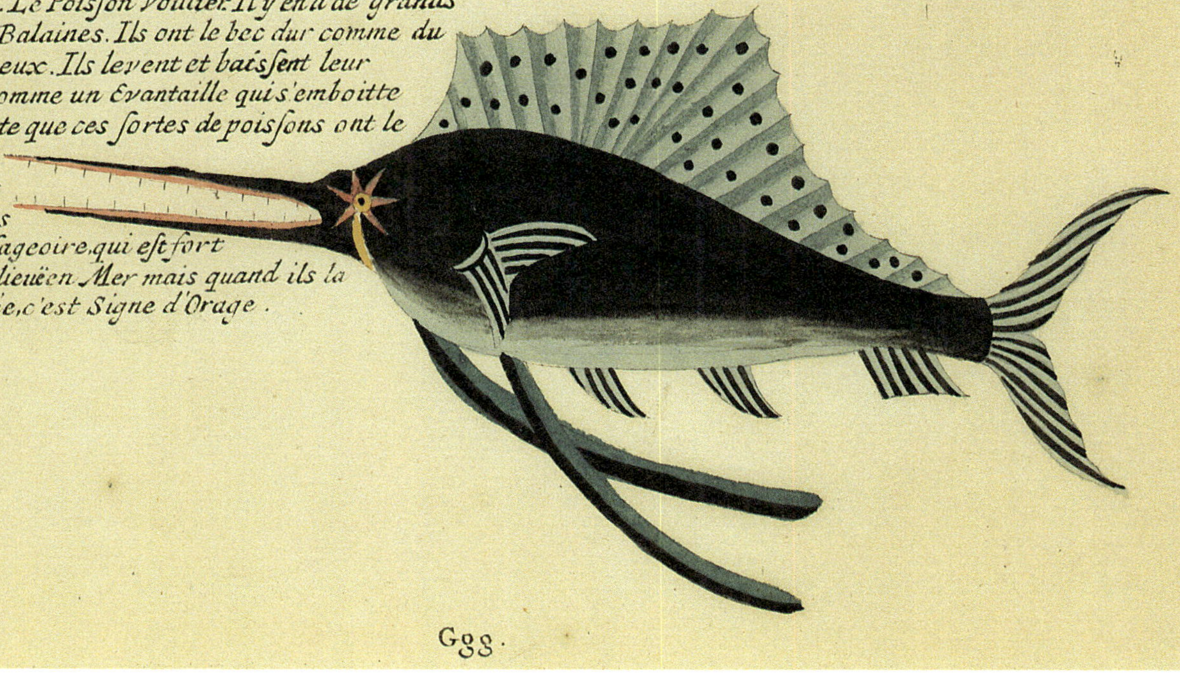

234. **Poisson particulier du Reservoir de Loeven** [f.] Special Fish of the Pond at Loeven

Acanthurus sp. Surgeonfish

235. **Klip-visch** [d.] Rockfish

Fish of the rocks.

Lutjanus sp. Snapper

236. **Poisson des Roches** [f.] Rockfish

Unidentifiable teleost

237. **Espece de Cabillau de la Rique** [d. *kabeljauw*] Cod of the Rique

A very good species of cod of the Rique.

Plectorhinchus sp. Sweetlips

234. Poisson particulier du Reservoir de Loeven.

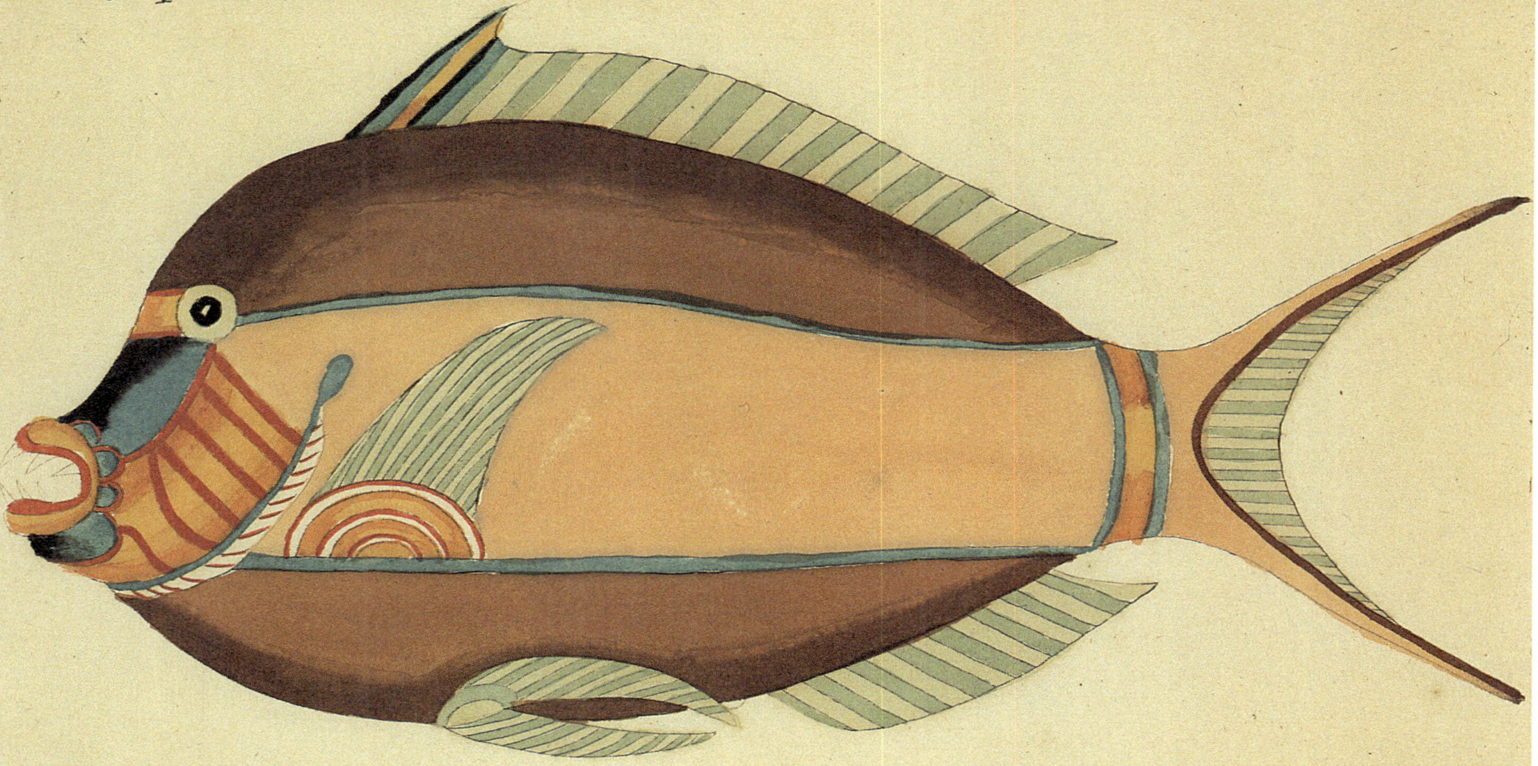

235. Klip-visch. Poisson des Roches.

236. Poisson des Roches.

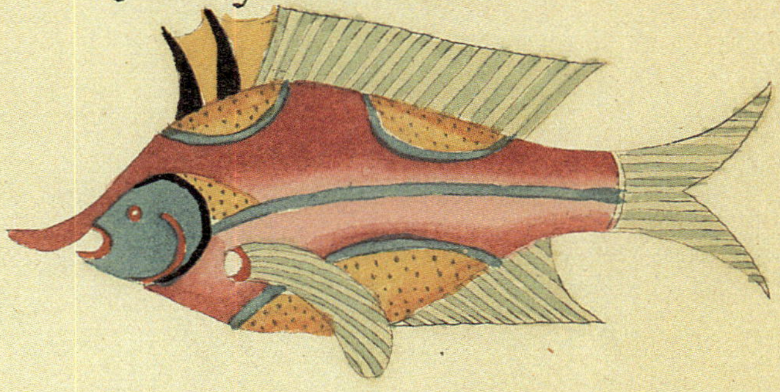

237. Espece de Cabillau de la Rique très-bon.

238. **Keyser van Iajan** [d.] Emperor of Japan

The most delicious and most beautiful fish in the world, but very rare. It is covered with small scales, almost imperceptible and more brilliant than gold. I saw another totally white with red stripes, the color of the head sky blue, the headband and gills of a gold color.

Pomacanthus imperator (Bloch, 1787) Emperor Angelfish

239. **Chietse-visch** [d.] Painted Canvas

See figure 169, where there is one of another species.

Chaetodon ephippium Cuvier, 1831 Saddled Butterflyfish

238. Keyser van Iapan. *Empereur du Japon. Poisson le plus delicieux et le plus beau qui soit au monde,* LVI. *Planche.*
mais très-rare. Il est couvert de petites écailles presque imperceptibles et plus brillantes que l'or.

J'en ay vû un autre tout blanc, rayé de rouge, la tête d'un bleu-céleste, le bandeau et les Ouïes de couleur d'or.

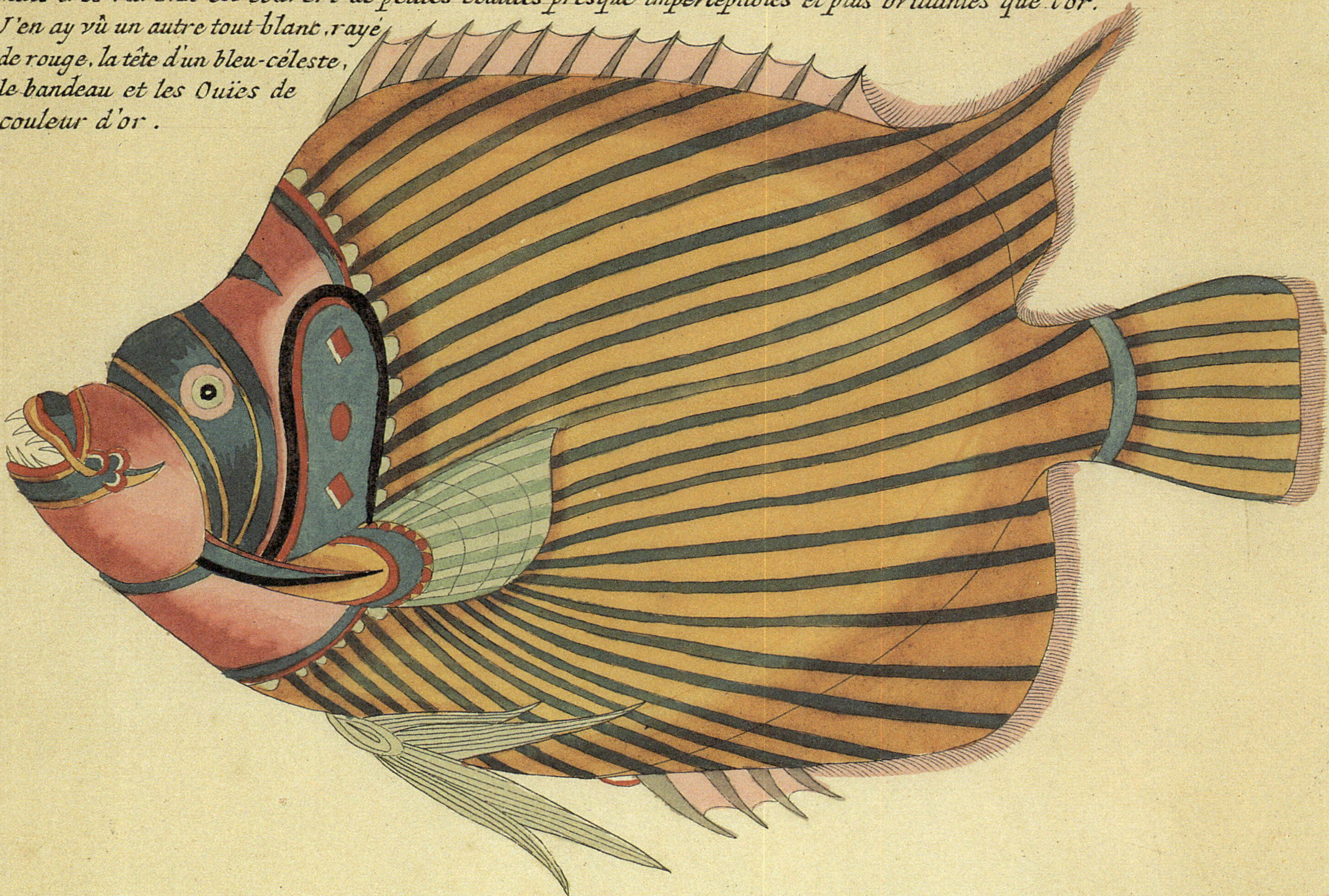

239. Chietse-visch. *Voyez N.o 169. où il y en a un d'une autre espece.*

240. **Monstre semblable à une Sirenne** [f.] Monster resembling a *Sirenne*

A monster resembling a *sirenne* caught on the coast of Buru or Boeren in the province of Ambon. It was fifty-nine inches long, of an eel-like proportion. It lived on shore in a tank of water for four days and seven hours. It uttered occasional cries similar to those of a mouse. It would not eat, although it was offered small fishes, mollusks, crabs, crayfish, etc. After its death, a few feces similar to those of a cat were found in its tank.

?*Dugong dugon* (Muller, 1776) Dugong

241. **Ecrevisse extraordinaire** [f.] Extraordinary Crayfish

An extraordinary crayfish that was thirty-nine inches long from the tip of its legs to its tail. See plate 45, figure 187.

Panulirus ornatus (Fabricius, 1798) Ornate Spiny Lobster

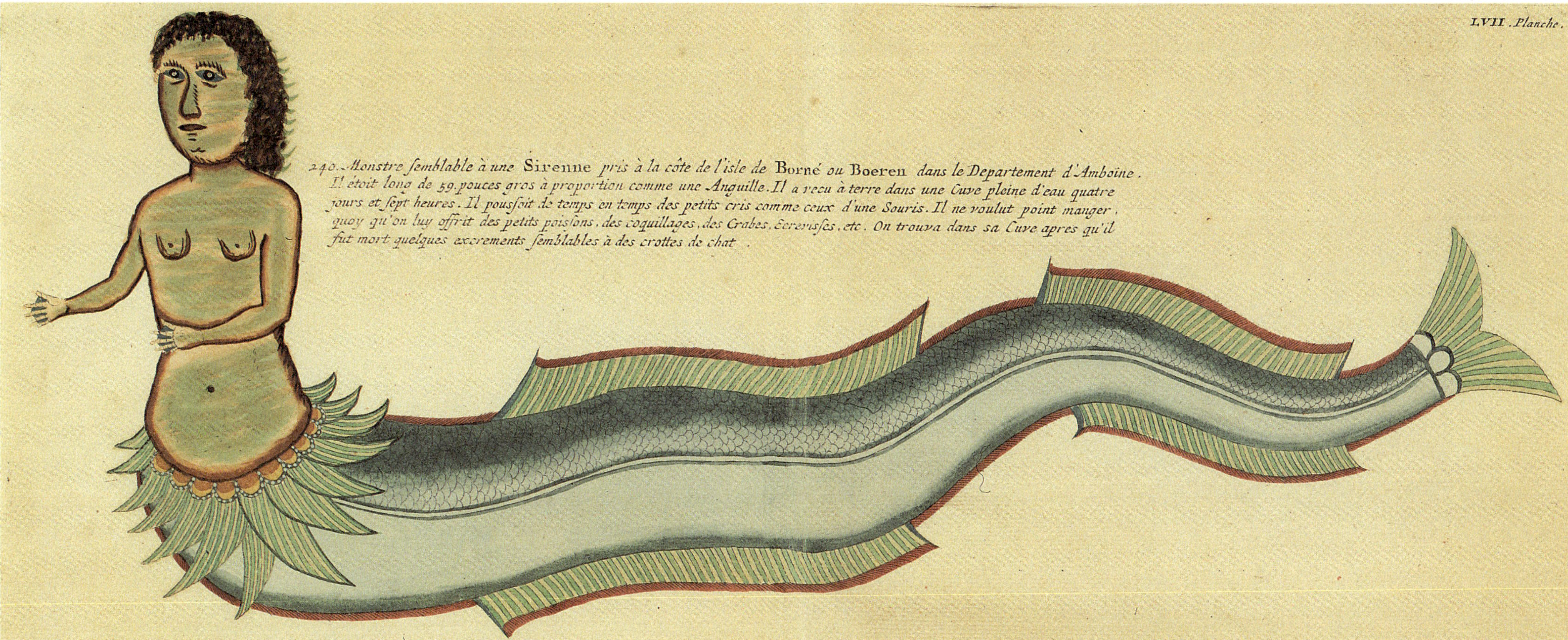

240. Monstre semblable à une Sirenne *pris à la côte de l'isle de* Borné *ou* Boeren *dans le Departement d'Amboine. Il étoit long de 59. pouces gros à proportion comme une Anguille. Il a vecu à terre dans une Cuve pleine d'eau quatre jours et sept heures. Il poussoit de temps en temps des petits cris comme ceux d'une Souris. Il ne voulut point manger, quoy qu'on luy offrit des petits poisons, des coquillages, des Crabes, Ecrevisses, etc. On trouva dans sa Cuve apres qu'il fut mort quelques excrements semblables à des crottes de chat.*

241. Ecrevisse *extraordinaire qui étoit longue de 39. pouces depuis l'extremité des jambes jusques à la queuë. Voyez la Planche XLV. N°. 187.*

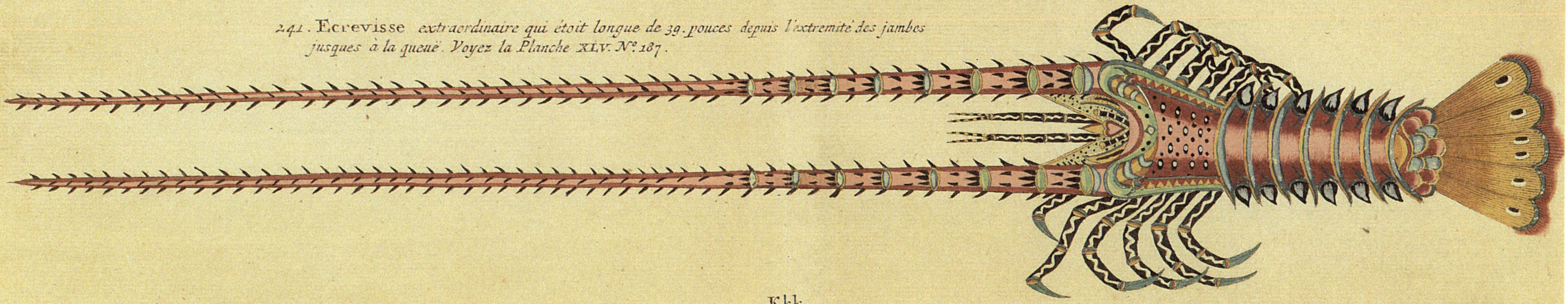

TABLE ALPHABETIQUE DES NOMS

Des POISSONS, ECREVISSES, CRABES, &c. contenus dans ce Recueil.

Le Chifre ordinaire marque les Planches de la I. Partie, & le Chifre Romain celles de la II.

TABLE ALPHABETIQUE.

Jean

DES NOMS DES POISSONS, ECREVISSES, CRABES, &c.

***

Perche

FIN DE LA TABLE.

Index

LIBRARY OF CONGRESS CATALOGING-IN-PUBLICATION DATA

Fishes, crayfishes, and crabs : Louis Renard's natural history of the rarest curiosities of the seas of the Indies / edited by Theodore W. Pietsch.
p. cm.—(Foundations of natural history)
Includes bibliographical references (p.) and index.
Contents: [1] Commentary and English text — [2] Facsimile and plates.
ISBN 0-8018-4790-7 (hc : acid-free paper)
1. Fishes—East Indies—Early works to 1800. 2. Crustacea—East Indies—Early works to 1800. 3. Fishes—East Indies—Pictorial works—Early works to 1800. 4. Crustacea—East Indies—Pictorial works—Early works to 1800. 5. Biological illustration—Early works to 1800. I. Pietsch, Theodore W. II. Renard, Louis, b. ca. 1678. Poissons, écrevisses et crabes. English. 1995. III. Series.
QL634.E27F57 1995
591.92′57—dc20 93-49411